Hamel · Friedrich Wilhelm Herschel

1 Friedrich Wilhelm Herschel (15. November 1738–25. August 1822)

Biographien
hervorragender Naturwissenschaftler,
Techniker und Mediziner   Band 89

Friedrich Wilhelm Herschel

Dr. Jürgen Hamel, Berlin

Mit 18 Abbildungen

BSB B. G. Teubner Verlagsgesellschaft · 1988

Herausgegeben von
D. Goetz (Potsdam), I. Jahn (Berlin),
H. Remane (Leipzig), E. Wächtler (Freiberg), H. Wußing (Leipzig)
Verantwortlicher Herausgeber: H. Wußing

Bildquellennachweis:
Archiv Archenhold-Sternwarte: Titelbild, Abb. 1, 5, 15, 17, 18
Universitätsbibliothek Leipzig: Abb. 13
Cambridge Enzyklopädie der Astronomie: Abb. 3, 9, 10
Archiv Verfasser: 2, 4, 6, 7, 8, 11, 12, 14, 16

Hamel, Jürgen:
Friedrich Wilhelm Herschel/Jürgen Hamel. –
1. Aufl. – Leipzig : BSB Teubner, 1988. –
104 S. : mit 18 Abb. –
(Biographien hervorragender Naturwissenschaftler,
Techniker und Mediziner; 89)
NE : GT

ISBN 3-322-00482-1

ISSN 0232-3516
© BSB B. G. Teubner Verlagsgesellschaft, Leipzig, 1988
1. Auflage
VLN 294-375/93/88 · LSV 1408
Lektor: Hella Müller
Printed in the German Democratic Republic
Gesamtherstellung: IV/2/14 VEB Druckerei „Gottfried Wilhelm Leibniz",
4450 Gräfenhainichen · 6991
Bestell-Nr. 666 464 6

Inhalt

Orgel und Fernrohr, Herschel als Amateurastronom 6

   Kindheit, Jugend, Militärmusiker in Hannoverschem Dienst 6
   England – ein neuer Anfang 9
   Das seltsame Hobby des Chorleiters 11

Uranus – eine Planetenentdeckung und ihre Folgen 18

   Am Anfang stand ein Irrtum 18
   Die Wende: Astronom des Königs 28

Herschel & Geschwister – astronomische Teleskope en gros 33

Die Welt der Fixsterne 44

   Doppelsterne: Ein Mißerfolg führt zu ihrer Entdeckung 44
   Wohin treibt unser Sonnensystem? 51
   „Sterneichungen" klären die Struktur der Galaxis 55

Kosmische Nebel und die Entwicklung der Himmelskörper 62

Sonne, Mond und Planeten 78

Ein Lebenswerk und seine Fortsetzung: John Herschel 87

Chronologie 98

Literatur 100

Personenregister 102

Orgel und Fernrohr –
Herschel als Amateurastronom

Kindheit, Jugend, Militärmusiker in Hannoverschem Dienst

Die Astronomiegeschichte kennt viele Gelehrte, die sich mit bleibenden Leistungen in ihr verewigt haben, obwohl die Astronomie niemals ihr Hauptberuf war, sie keine astronomische Ausbildung erfuhren und zum Teil ohne höhere Schulbildung waren. Heute würde man sie als „Amateure" bezeichnen, die sich autodidaktisch bildeten. Gerade das 18. und 19. Jahrhundert zeigt uns viele glanzvolle Beispiele: Friedrich Wilhelm Bessel wurde Kaufmann und schon mit 26 Jahren, ohne je die formelle Hochschulreife erlangt zu haben, Professor der Astronomie in Königsberg (heute: Kaliningrad/UdSSR); Heinrich Wilhelm Olbers führte am Tage seine Praxis als Arzt und studierte nachts mit großem Erfolg den Himmel; Johann Heinrich Mädler, berühmter Mondforscher und Professor in Dorpat (heute: Tartu/UdSSR), war zunächst ohne Universitätsbesuch Leiter einer Berliner Armenschule und erhielt eine Berufung an Adolf Diesterwegs berühmtes Berliner Seminar für Stadtschullehrer – nicht für naturwissenschaftliche Fächer, sondern als Schönschreiblehrer ... Und schließlich Wilhelm Herschel. Er wurde Musiker – sogar ein recht begabter und gefeierter, der für eigene Kompositionen viel Beifall bekam. Eine abgeschlossene Schulbildung hatte er, der schon als 19jähriger in eine königlich-hannoversche Militärkapelle eintrat, niemals erhalten. Dafür gab es im Haushalt der Eltern keine Möglichkeit. Der Vater, Isaak Herschel, war selbst Militärmusiker. Seine Vorfahren waren seit dem 16. Jahrhundert in der Gegend von Pirna (heute: Bezirk Dresden) ansässig.[1]

---

[1] Neuere archivalische Forschungen haben gezeigt, daß die auf Isaak Herschel zurückgehende und in der Literatur bisher allgemein verbreitete Ansicht zur Familiengeschichte (z. B. [21, S. 6–8]) falsch ist. Demzufolge sollte Hans Herschel um 1630 wegen seines protestantischen Glaubens aus Mähren vertrieben worden sein. Dagegen konnte nachgewiesen werden, daß Hans Herschel 1625 in Pirna geboren wurde und schon dessen Vater Jakob hier lebte. Sogar schon für 1529/30 konnte der Familienname Herschel in der Gegend um Pirna nachgewiesen werden, wobei der Zusammenhang mit der Familie des Astronomen bisher noch ungeklärt ist [43].

Der Urgroßvater, Johann (Hans) Herschel, war Bierbrauer und Fischer in Pirna; zwei seiner Brüder siedelten sich in der Nähe an. Abraham Herschel, der Großvater, erlangte in Dresden als Hof- und Landschaftsgärtner einiges Ansehen. Er hatte eine Tochter und drei Söhne. Isaak war der jüngste. Auch er lernte zunächst den Gärtnerberuf, bis er sein musikalisches Talent entdeckte und in Potsdam eine Ausbildung als Musiker erhielt. Im Jahre 1731 trat er als Militärmusiker in die Hannoversche Garde ein und heiratete im August 1732 Anna Ilse Moritzen, eine Bürgerstochter aus Hannover. Dieser Ehe entsprangen insgesamt 10 Kinder, von denen jedoch vier sehr früh starben. Wilhelm Herschel war der drittälteste (geb. 1738). Die Geschwister, mit denen er aufwuchs, waren: Sophie Elisabeth (geb. 1733), Jakob (geb. 1734), Alexander (geb. 1745), Karoline Lukretia (geb. 1750) und Dietrich (geb. 1755).

Hannover nahm auf dem Territorium der deutschen Kleinstaaten eine Sonderstellung ein, da es seit 1714 als Kurfürstentum (ab 1814 Königreich) bis 1837 zum Königreich Großbritannien und Irland gehörte. In Erbfolgeverträgen wurde bestimmt, daß nach dem Aussterben der protestantischen Linie der englischen Königsfamilie der Stuarts die Enkelin von König Jakob I., Sophie von der Pfalz und deren Nachkommen, die Krone erhalten sollten. Dieser Fall trat 1714 ein, und Georg I. wurde nach dem Tod seiner Mutter auf den englischen Thron erhoben und gleichzeitig mit der Kurwürde Hannovers versehen. Diese Bindung Hannovers an England war für den späteren Lebensweg Wilhelm Herschels von entscheidender Bedeutung.

In der Familie Herschel steckte eine bemerkenswerte Neigung zur Musik. Der Vater verwandte viel Energie auf die musikalische Bildung seiner vier Söhne, die auf diesem Gebiet rasche Fortschritte machten. Allerdings konnte er aus beruflichen Gründen oft nicht zu Hause sein.

Isaak Herschel war ein gebildeter Mann, dessen weitgespannte Interessen auch die Astronomie umfaßten. Karoline, die jüngere Tochter, deren Memoiren die wichtigste Quelle für unsere Kenntnis der frühen Lebensjahre Wilhelm Herschels sind, erinnert sich, daß der Vater sie als kleines Mädchen „in einer kalten Nacht auf die Straße führte", um ihr einen gerade sichtbaren Kometen und einige Sternbilder zu zeigen [21, S. 14].

Überhaupt herrschte im Hause Herschel eine geistig sehr anregende Atmosphäre – nicht aufgrund langer Universitätsstudien, sondern aus einem vom Interesse an allen Dingen des Lebens getragenen Bildungsbestreben. Sich Wissen anzueignen, machte Wilhelm Herschel schon damals Freude. Französisch, Latein und Mathematik beschäftigten ihn auch außerhalb der pflichtgemäßen Stunden an der Garnisonsschule. Nach deren Abschluß begann er gemeinsam mit seinem Bruder Jakob seine berufliche Laufbahn im Musikcorps des Garderegiments, das 1756 nach England verlegt wurde. Diese Zeit seines ersten Englandaufenthaltes nutzte er sehr intensiv. Als Wilhelm nach wenigen Monaten zurückkehrte, hatte er in seinem Gepäck kaum mehr als die englische Ausgabe von John Lockes Werk „Versuch über den menschlichen Verstand", das in der Originalsprache zu lesen und zu verstehen er in der Lage war. Lockes Buch war über längere Zeit seine Lieblingslektüre, und dieser Umstand wirft ein bemerkenswertes Licht auf die Interessen und philosophischen Kenntnisse des jungen Herschel. Betrachtet man seine späteren wissenschaftlichen Arbeiten, so wird der Einfluß Lockes auf Herschel erkennbar. Bei Locke heißt es:

Zweierlei Dinge also, nämlich äußere materielle Dinge als die Objekte der Sinneserfahrung und die inneren Operationen unseres Geistes als die Objekte der Reflexion sind für mich die einzigen Ursprünge, von denen alle unsere Ideen ihren Anfang nehmen. [34, S. 109]

Auf Herschels Astronomie übertragen bedeutet dies: Beobachtungen mit dem Fernrohr sind der Anfang des Erkennens der Welt, der eine geistige Bearbeitung des Materials folgen muß, um die Rätsel des Kosmos zu lösen. Das bloße Anhäufen von Beobachtungen bleibt fruchtlos, aber das Ausdenken von Theorien, ohne Beobachtungen zur Grundlage zu haben, führt zu haltloser Spekulation. Das Wesen aller Erkenntnis liegt in der Vereinigung beider, in der Beobachtung und der theoretischen Verarbeitung.

Die erste Englandreise Herschels stand in Verbindung mit dem 1756 ausgebrochenen Siebenjährigen Krieg. Der eigentliche Anlaß für die nun folgenden verlustreichen und grausamen Schlachten lag schon einige Jahre zurück. Preußen hatte 1740 das österreichische Schlesien annektiert, und Kaiserin Maria Theresia sann auf Rückeroberung. Das englische Königreich und mit ihm Hannover wurden in diesen Krieg hineingezogen, da einerseits Öster-

reich mit Frankreich ein Schutzbündnis schloß, andererseits Preußen mit Großbritannien ein Neutralitätsabkommen. Außerdem befanden sich Großbritannien und Frankreich im direkten Kriegszustand um den Besitz der nordamerikanischen Kolonien. So wurde auch Hannover zum Kriegsschauplatz und zeitweise von französischen Truppen besetzt.
Obwohl Herschel sich später einer außerordentlich robusten Gesundheit erfreute, war er zu jener Zeit von „schwächlicher Constitution und gerade damals in raschem Wachsthum begriffen", wie Karoline über den 19jährigen Bruder schrieb. [21, S. 14] Da er deshalb den Strapazen der zu erwartenden Gefechte nicht gewachsen zu sein schien und auch Hannover kein sicherer Ort war, schickten ihn die Eltern erneut nach England, diesmal in ziviler Mission. Völlig mittellos traf er sich Ende Oktober 1757 mit seinem Bruder Jakob in Hamburg, wo sie sich einschifften.

England – ein neuer Anfang

Die beiden Brüder Herschel hofften, sich in England ihren Lebensunterhalt als Musiker verdienen zu können. Sie spielten in privaten Konzerten; Jakob gab Musikunterricht, Wilhelm verdiente sich Geld als Notenschreiber für eine Musikalienhandlung. Sehr verheißungsvoll war der Anfang nicht, denn das Geld reichte gerade für das tägliche Leben. Deshalb kehrte Jakob bald nach Hause zurück. Er hatte die Stelle des ersten Geigers im königlichen Orchester Hannover erhalten. Der Vater kam mit zerrütteter Gesundheit aus dem Siebenjährigen Krieg nach Hause. Ein schweres asthmatisches Leiden zwang ihn zur Aufgabe seines Berufes, fortan verdiente er den Lebensunterhalt als Notenschreiber und Musiklehrer.
Seine größte Freude waren die musikalischen Fortschritte seiner Söhne. Alexander hatte die Stelle eines Stadtmusikus' erhalten, welche „in wenig mehr, als darin (bestand), einem Lehrling täglich eine Stunde Unterricht zu ertheilen und einen Choral vom Thurme am Markte zu blasen, so daß er fast seine ganze Zeit dazu verwenden konnte, sich zu üben und Unterricht beim Vater zu nehmen" [21, S. 22]. Auch Dietrich, der jüngste, trat schon in kleinen Konzerten auf.

Lediglich Karoline hatte kaum mehr als die Möglichkeit, bei den Unterweisungen für ihre Brüder, still zuhörend und mit einer Handarbeit beschäftigt, in der Ecke zu sitzen. Im Haushalt lasteten strenge Pflichten auf ihren Schultern. Von ihrer wenig erfreulichen Kindheit, die in vielen Zügen typisch für ein Mädchen aus wenig begüterten Mittelschichten war, mag ihr Bericht Zeugnis ablegen, in dem sie sich an einen Besuch Wilhelms 1764 in der Heimat erinnert:

> Von der Freude und dem Vergnügen, welche dies lang gewünschte Wiedersehen meines theuern, oder wie ich sagen muß, theuersten, Bruders Allen bereitete, kam nur ein geringer Theil auf mich, denn wenn ich nicht in der Kirche oder in der Schule war, hatte ich in der Küche zu thun, und selten kam ich dazu, mich zur Familie zu gesellen, wenn sie beisammen war. [21, S. 23]

Vor diesem Besuch, der jedoch keine Rückkehr in die Heimat verhieß, hatte sich in Wilhelms Leben einiges ereignet, das ihm Hoffnung gab, sich in England eine wirkliche Existenz als Musiker aufzubauen. Zunächst war er einige Zeit Leiter einer kleinen Militärkapelle des Herzogs von Darlington in Durham. Dort wurde er einem bekannten Organisten vorgestellt, der ihn bewog, diese Stelle aufzugeben, und ihm Auftritte als Violinist verschaffte. 1765 erhielt Herschel als Sieger eines Wettbewerbs die Stelle eines Organisten in Halifax. Seine Konzerte trugen ihm einige Berühmtheit ein. Er lernte den Philosophen David Hume kennen und wurde dem Bruder des Königs vorgestellt, der einige Tage mit ihm musizierte. Doch Herschels Leben war unstet. Mehrfach wechselte er den Wohnort, um günstige Engagements anzunehmen, wurde nirgends heimisch, und viel Mühe machte ihm der Unterricht bei seinen Schülern, zu denen er oft weit über Land fahren mußte.

Eine wichtige Veränderung in Wilhelm Herschels Leben ereignete sich im Dezember 1766. Er erhielt eine Stelle als Organist an der Oktogonkirche in Bath. Die Stadt war damals exklusiver Erholungsort der Oberschicht des Königreiches, die in den (noch heute genutzten) Thermalquellen Zerstreuung sowie im gesellschaftlichen Leben Repräsentanz und Bekanntschaft mit einflußreichen Personen suchte. Bath wurde als eine der schönsten Städte Englands gepriesen. Die Oktogonkirche war ein privater Bau, für die Bedürfnisse des vornehmen Publikums ausgestattet.

In Bath fand der nun 28jährige Herschel für viele Jahre seine Heimat. Das tägliche Leben war ausgefüllt mit Musik. Neben dem Orgelspiel hatte er Konzerte zu leiten und den Chor einzustudieren. Auch gab er weiterhin Musikunterricht für private Schüler – manchmal bis zu 38 Stunden in der Woche, womit er beachtlich viel Geld verdiente.
Herschel sah zu dieser Zeit in der Musik durchaus seinen Lebensberuf, und der Erfolg gab ihm Recht. Er spielte „als Musiklehrer der reichen, auf dem Lande ansässigen Familien eine große Rolle" [36, Sp. 280], und in vielen der von ihm geleiteten Konzerte kamen eigene Kompositionen zur Aufführung. Sein musikalisches Werk besaß einen beträchtlichen Umfang. Zwischen 1760 und 1762 schrieb er mindestens 18 kleinere Symphonien, 1762/63 sein 7. Violinkonzert und seine 6. Sonate für Solovioline, darüber hinaus Militärmärsche, mehrstimmige Gesänge, Orgelwerke, Oratorien und andere Stücke. Er soll kompositorisch kein genialer Musiker gewesen sein, doch seine Symphonien und Konzerte „im galanten Stil" des Rokoko hatten nicht nur beim Publikum in Bath großen Erfolg. Nur wenige seiner Werke haben sich erhalten, das meiste Material ging im Laufe der Jahre verloren. Fand seine Musik auch großen Anklang, und das über viele Jahre, aber zu Ruhm und wirklicher Bedeutung als Musiker wäre er nicht gelangt. Beides erreichte er auf einem völlig anderen Gebiet.

Das seltsame Hobby des Chorleiters

Es fing ganz harmlos an. Ein waches Interesse für alle Dinge der Welt hatte Herschel schon von seinem Vater mit auf den Lebensweg bekommen. Der Sternenhimmel und die Planeten gehörten dazu. Etwa ab 1766 finden sich astronomische Notizen in seinen Tagebüchern. Am 19. Febr. 1766 hatte er die Venus beobachtet, fünf Tage später eine Mondfinsternis – so berichtet er in seiner Autobiographie. Einen tieferen Sinn besaß beides noch nicht, es waren gelegentliche Betrachtungen. Dennoch: die ersten Schritte auf diesem Weg waren getan, und zwar über die Musik.
Zur Vervollkommnung seiner Fähigkeiten als Komponist hatte Herschel sich mit der Harmonielehre befaßt, und die Theorie der musikalischen Harmonien führte ihn zur Mathematik. Zu seinen Studien diente das Buch von Robert Smith „Harmonics". Doch

dieser Autor hatte auch ein Werk verfaßt, das 1738 in zwei Bänden mit dem Titel „A compleat System of Opticks" erschienen war. Karoline Herschel berichtete: Wilhelm liebte es, sich

> mit einer Schale Milch oder einem Glas Wasser und Smiths 'Harmonics und Optics', Fergusons 'Astronomie' usw. zeitig in sein Bett zurückzuziehen, und so, in seine Lieblingsschriftsteller vergraben, einzuschlafen. Beim Erwachen war es sein erster Gedanke, wie er sich Instrumente verschaffen könne, um selbst die Dinge, über die er gelesen, in Augenschein zu nehmen. Da er in einem Laden ein dritthalbfüßiges gregorianisches Telescop fand, das zu verleihen war, so wurde dasselbe einige Zeit requirirt und diente nicht allein dazu, den Himmel zu beobachten, sondern auch zu Experimenten bezüglich seiner Construktion ... [21, S. 43]

Karoline Herschel kann authentische Mitteilungen über die langsam von der mathematischen Theorie der Harmonien zu Optik und Astronomie führenden Interessen Herschels machen, denn am 16. Aug. 1772 hatte sie gemeinsam mit ihrem Bruder, der extra in die Heimat gereist war, um sie abzuholen, ihre Reise nach England angetreten und wurde fortan die begabte Schülerin Wilhelms, zunächst in der Musik, dann in der Astronomie. Als seine Mitarbeiterin und Assistentin nahm sie an dem Ruhm des von ihr in völliger Selbstlosigkeit verehrten Bruders teil. Sie hat sich aber auch mit eigenen wissenschaftlichen Leistungen in der Wissenschaft einen Namen gemacht, was für sie als Frau mit vielen Schwierigkeiten verbunden war.

Zunächst war jedoch der Anlaß die Musik. Karoline hatte im Haus der Mutter in geistig sehr eingeschränkten Verhältnissen gelebt, nachdem der Vater am 22. März 1767 verstorben war.

> [Mein Vater wünschte,] mir eine Art feinerer Erziehung geben zu lassen, aber meine Mutter hatte fest beschlossen, daß ich ein roher Klotz sein und bleiben sollte, allerdings aber ein nützlicher. [21, S. 26]

So war es für die junge Frau, in der eine Vielzahl hervorragender Anlagen unentdeckt und ungenutzt schlummerten, eine Erlösung, als Wilhelm den Vorschlag machte, sie für zwei Jahre auf Probe mit nach Bath zu nehmen und eine Ausbildung als Sängerin zu versuchen. Nach längerem Zögern willigte die Mutter ein, und es kam zur Übersiedlung nach England.

In seiner geradezu rücksichtslosen, ungestüm aktiven Lebenshaltung begann Wilhelm sofort mit dem Unterricht,

> und da er mit meiner Stimme sehr zufrieden war, so empfing ich jeden

Tag zwei oder drei Lectionen und die Stunden, die ich nicht am Clavier zubrachte, wurden dazu verwendet, mich in die Führung des Haushaltes einzuweihen. Am zweiten Morgen, als ich mit meinem Bruder beim Frühstück zusammentraf, begann er sogleich, mir Stunden im Englischen und in der Arithmetik zu geben, und zeigte mir, wie man die Haushaltungsbücher führt ... Zur Erholung sprachen wir von Astronomie und den herrlichen Sternbildern, die ich Nachts, während der Reise durch Holland, im Postwagen kennen gelernt hatte. [21, S. 40 f.]

Ein beschauliches Leben erwartete Karoline in Bath also durchaus nicht, und als man sie mit kaum vorhandenen Englischkenntnissen allein zu den „Fischweibern, Fleischern, Gemüsefrauen" einkaufen schickte, brachte sie heim, „was mir in meinem Schrekken und meiner Verlegenheit in die Hände kam". [21, S. 41]

Schon recht schnell stellten sich Fortschritte in der Gesangsausbildung ein, und mit den Erfolgen die ersten Auftritte. Dennoch sah Karolines Zukunft anders aus, als sie zu dieser Zeit dachte. Immer mehr wurde sie in das Hobby ihres Bruders, die Astronomie, hineingezogen. Das kleine geborgte Fernrohr reichte ihm bald nicht mehr, er wollte all das mit eigenen Augen sehen, was er in seinen Büchern gelesen hatte. Trotz seines durchaus nicht geringen Einkommens verbot es sich von selbst, ein neues, größeres Fernrohr zu kaufen. Außerdem waren die handelsüblichen Fernrohre wegen ihrer kleinen Spiegeldurchmesser nicht leistungsstark genug, um Herschels Ansprüchen bei der Beobachtung des Himmels zu genügen. So blieb nur ein Ausweg: die Herstellung eigener Teleskope. Anleitung gab ihm die „Optik" von Smith, in der er Verfahren des Schleifens von Teleskopspiegeln recht genau beschrieben fand. Doch zwischen der Theorie der Herstellung und deren praktischer Ausführung liegt ein weites Feld – zumal die vielen Prüfverfahren, die heute jedem instrumentenbauenden Amateurastronomen (von denen eine große Zahl mit gutem Erfolg Spiegel mit Durchmessern von etwa 15 bis 20 cm selbst herstellen) zur Verfügung stehen, damals nicht vorlagen.

Nun entwickelte sich im Herschelschen Haus ein Treiben, das Karoline als dem weiblichen Oberhaupt der Familie zwar manchen Kummer bereitete, an dem sie aber selbst mit Feuereifer teilnahm. Der Bruder Alexander, der ebenfalls in England wohnte, wurde von der Tatkraft Wilhelms angesteckt und in die Arbeit einbezogen. Diese Atmosphäre ist nicht besser als mit Worten Karolines zu schildern, die ein wenig beklagend, ein wenig ironisch, aber auch noch aus der Rückschau vieler Jahrzehnte begeistert schrieb:

> Jetzt verwandelte sich zu meinem Kummer jedes Zimmer in eine Werkstätte. Ein Kunsttischler, welcher ein Rohr anfertigte, stand in dem hübsch eingerichteten Empfangszimmer; Alex stellte eine große Drehbank in einem Schlafzimmer auf, um Formen zu drehen, Gläser zu schleifen, Oculare anzufertigen u.s.w. Gleichwohl durfte die Musik während des Sommers nicht ganz ruhen, und mein Bruder hielt im Hause oft Proben. Er componierte Rundgesänge, Trinklieder u.s.w. Zuweilen spielte er ein Conzert auf der Oboe oder eine Sonate auf dem Clavier, und die Soli meines Bruders Alexander auf dem Violoncello waren himmlisch! Auch widmete sich Wilhelm mit vielem Vergnügen einem Singechor, welcher die kirchlichen Musiken in der Octogon-Capelle begleitete, und für den er viele vortreffliche Motetten, Gesänge und Psalmen componierte. Jeder freie Augenblick wurde indessen benutzt, um zu irgendeiner Arbeit zurückzukehren, die gerade im Fortschritt begriffen war. Wilhelm nahm sich nicht einmal die Zeit, die Kleider zu wechseln, und manche Spitzenmanschette wurde zerrissen oder mit geschmolzenem Pech oder Harz befleckt, ganz abgesehen von der Gefahr, welcher er sich unaufhörlich durch die ungewöhnliche Hast und Eile aussetzte, mit welcher er Alles that. [21, S. 45 f.]

In rascher Folge wurden zahlreiche Fernrohrspiegel von 7 bis 12 Fuß[2]) Brennweite geschliffen. Sein Streben nach immer größeren Teleskopen ist daraus zu verstehen, daß einerseits eine

---

[2]) Die Angabe der Brennweite der Herschelschen Teleskope erfolgt, wie es allgemein üblich war, nach dem Fuß-Maß. Es gelten die u. g. Umrechnungen. Die Durchmesser der Spiegel sind nur in einigen Fällen bekannt. Es können jedoch zur Orientierung folgende Zuordnungen der Durchmesser zu den Brennweiten angenommen werden:

Fuß	Meter	Durchmesser
1	0,32	
7	2,27	12–16 cm
10	3,25	20–60 cm
20	6,50	33–50 cm
25	8,12	60 cm
30	9,75	
40	12,99	122 cm

Zum Vergleich sei angeführt, daß heute für wissenschaftliche Zwecke Spiegelteleskope ab einem Durchmesser von etwa 40 cm verwendet werden. Das größte Spiegelteleskop in der DDR hat einen Durchmesser von 2 m (Tautenburg bei Jena) und das z. Z. größte der Welt einen Durchmesser von 6,10 m (Kaukasus, UdSSR). Allerdings kann die Qualität eines Teleskops nicht einfach aus dem Spiegeldurchmesser geschlossen werden, da Abbildungsgüte und Lichtstärke heutiger Teleskope gegenüber denen von Herschel wesentlich verbessert sind.

größere Brennweite höhere Vergrößerungen ermöglicht, andererseits ein größerer Spiegeldurchmesser lichtschwächere und damit weiter entfernte Objekte sichtbar macht. Mit diesen Instrumenten kam Herschel seinem Wunsch, „nichts auf Glauben anzunehmen, sondern alles, was andere vor mir gesehen hatten, mit eigenen Augen zu sehen" [28, S. 4], schon bis zu einem gewissen Grade nach.

Das erste Projekt war 1775 eine „Himmelsdurchmusterung". Er registrierte mittels eines kleinen Spiegelteleskops eigener Produktion mit einer Brennweite von 7 Fuß und einem Durchmesser von etwa 12 cm alle Sterne bis zur 4. Größenklasse. Dies war ein Unternehmen, das man unter mehreren Gesichtspunkten betrachten muß. Wissenschaftliche Ergebnisse brachte diese Himmelsdurchmusterung nicht, schließlich waren noch nicht einmal alle mit bloßem Auge sichtbaren Objekte (d. h. bis etwa zur 5,5. Größenklasse) erfaßt. Herschel hatte wohl zu dieser Zeit auch noch keine wissenschaftliche Zielstellung. Und doch sollten diese Himmelsdurchmusterungen, die Herschel später mit verbesserten Instrumenten noch mehrmals wiederholte, Grundlage für seine bahnbrechenden Entdeckungen werden. Bis dahin war es allerdings

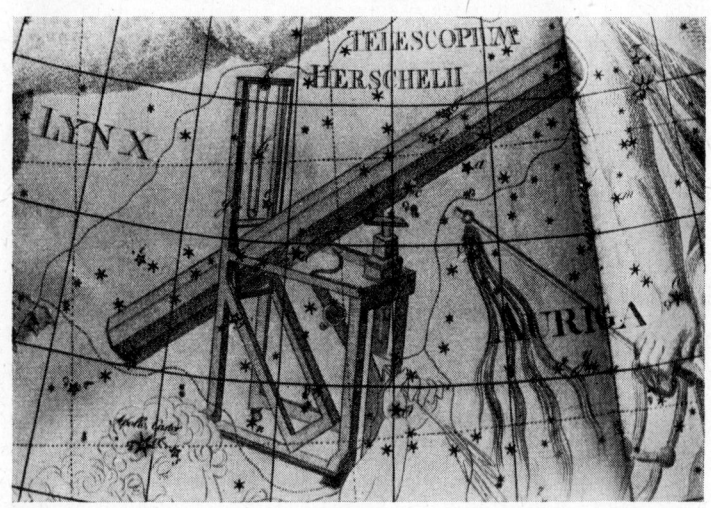

2 Zu Ehren Herschels wurde das Sternbild „Herschelteleskop" („Telescopium Herschelii") eingeführt. Die Darstellung in der „Uranographia" von Johann Elert Bode, Berlin 1801, entspricht einem 7-Fuß-Teleskop Herschels

noch ein weiter Weg, die Astronomie blieb vorerst ein Hobby. Die Musik war sein Beruf, den er mit Engagement ausübte. Es ist bewundernswert, mit welcher Intensität er sich sowohl dem Beruf als auch dem Hobby widmete. Nur ein überdurchschnittlich befähigter Mensch kann diese Kraft aufbringen.

Das gilt auch für Karoline, die nach der Ausbildung durch ihren Bruder regelmäßig Gesangsauftritte hatte und für den Chor die Bereitstellung der Noten übernahm, z. T. auch die praktische Einstudierung. Sie leistete schon zu dieser Zeit Großes und opferte sich für den von ihr geliebten, ja geradezu angebeteten Bruder auf.

In dieser Zeit entstanden immer neue Teleskope. Im Sommer 1776 wurde ein 20-Fuß-Spiegelteleskop mit einem Spiegeldurchmesser von rd. 33 cm fertig. Abgesehen von seiner ersten Himmelsdurchmusterung, von der wir kaum etwas wissen, beobachtete Herschel zunächst ohne festes Programm. Es scheint, als wollte er sich und seine Teleskope testen, wie nahe er seinem Ziel kommen kann, nicht nur alles am Himmel mit eigenen Augen zu sehen, was andere gesehen hatten, sondern diese Grenze noch zu überschreiten. Freunde oder Bekannte, die sein in den Augen der Mitwelt sicherlich seltsam erscheinendes Hobby teilten, besaß er außerhalb des Familienkreises nicht. Auch seine Literaturkenntnisse waren zu dieser Zeit recht bescheiden. Alle Energie und Zeit, die ihm neben seiner Musik blieb, steckte er in die Herstellung immer besserer und größerer Teleskopspiegel.

Im Dezember 1779 trat ein für Herschel wichtiges Ereignis ein. Als er vor dem Haus den Mond durch eines seiner 7füßigen Fernrohre beobachtete, trat ein Mann an ihn heran mit der Bitte, durch das Teleskop sehen zu dürfen. Herschel gewährte ihm dies gern, und als dieser Mann am nächsten Tag bei Herschel vorsprach, stellte er sich als Sir William Watson vor, Mitglied der Royal Society of London und der Philosophical Society of Bath. Durch dessen Vermittlung wurde Herschel Mitglied der Bather Gesellschaft und trat in eine geistig anregende Atmosphäre ein, die ihm Gesprächspartner und Austausch nicht nur in astronomischen Fragen bot. In rascher Folge hielt er 1780/81 in der Philosophical Society Vorträge, deren Themen Herschels Vielfalt beweisen: Beobachtungen zum Wachstum der Korallen, zahlreiche Fragen zur Optik, zur Gravitation, Elektrizität, über die Teilchen der Materie, die Existenz des Raumes, er sprach sogar zum philosophischen Thema „Über Freiheit und Notwendigkeit". Astronomische Themen waren unter den insgesamt 24 Arbeiten nur zwei: Beobachtungen der Mondberge (Juni 1780) und des Lichtwechsels des Sterns Mira Ceti (Febr. 1781). Watson war es auch, der die beiden letzten Arbeiten Herschels der Royal Society vorlegte, so daß sie in die berühmten „Philosophical Transactions", dem Publikationsorgan dieser Gesellschaft, aufgenommen wurden. In beiden Abhandlungen zeigt Herschel zwar, daß er mit der Geschichte der Probleme vertraut ist, fügt jedoch keine neuen Aspekte hinzu, sondern bleibt im Rahmen des Bekannten. Seine Messungen der Mondberghöhen mit rd. 800 bis 2 800 m näherten sich zwar den etwa 100 Jahren zuvor von Johannes Hevelius gewonnenen Resultaten, erwiesen sich jedoch als viel zu gering. Auf diesem Gebiet gelang erst etwa 50 Jahre später Johann Heinrich Mädler der Durchbruch zu richtigen Werten, die bis zu etwa 8 000 m reichen.

Die Bedeutung dieser beiden Veröffentlichungen dürfte wohl vor allem darin zu sehen sein, daß Herschel Gelegenheit bekam, in dieser weltweit angesehenen Zeitschrift eine Mitteilung von seinem ernsthaften Vorhaben zu geben und sich erstmals der wissenschaftlichen Öffentlichkeit vorzustellen. Auch für Herschels Selbstverständnis bedeuteten sie wohl einen tiefen Einschnitt. Wenn er in der Arbeit über die Mondberge hinsichtlich des verwendeten Fernrohrs schreibt: „Ich glaube, daß dies Instrument an Schärfe der Bilder allen bis jetzt gemachten ebenbürtig ist" [28, S. 48], so spricht aus diesen Worten das Bewußtsein, mit seinem Hobby keine Spielerei zu betreiben, sondern eine ernsthafte Tätigkeit, bei der er mit selbst hergestellten Instrumenten erst am Anfang steht.

Uranus – eine Planetenentdeckung und ihre Folgen
Am Anfang stand ein Irrtum

Die sich nun einstellenden Erfolge werden Herschels Drang zur Astronomie sicherlich erheblich verstärkt haben, und die Musik geriet immer mehr in den Hintergrund, in die Rolle des notwendigen Übels.

In einer Veröffentlichung aus dem Jahre 1785 heißt es, Herschel beschäftigte sich in dieser Zeit

> fortdauernd mit seinen astronomischen Beobachtungen, und es schien ihm nichts an seinem Glücke zu fehlen, als hinreichende Muße, sich seiner Instrumente zu erfreuen, die er so sehr liebte, daß er häufig im Theater während der Zwischenakte seinen Platz am Clavier verließ und nach den Sternen sah. [28, S. 39]

Seit 1779 war Herschel mit seiner zweiten Himmelsdurchmusterung beschäftigt, zu der er, wie bei der ersten, ein 7füßiges Teleskop verwendete, das einen Durchmesser von rd. 16 cm besaß und in der Regel 227fach vergrößerte. Diesmal hatte er für seine „Review of the Heavens" eine wissenschaftliche Zielstellung. Er verglich alle Sterne bis zur 8. Größenklasse mit den Sternkarten von John Harris, um Sterne aufzufinden, die sich für eine Bestimmung ihrer Parallaxe eigneten.

Die Parallaxe und die Messung von Sternentfernungen war ein Problem, das die bedeutendsten Astronomen seit Nicolaus Copernicus in seinen Bann zog. Die Aufgabenstellung resultiert direkt aus dem copernicanischen System mit der um die Sonne laufenden Erde. Wenn sich nämlich die Erde um die Sonne als Zentralkörper bewegt, so blicken wir im zeitlichen Abstand eines halben Jahres von zwei um 300 Mill. km entfernten Beobachtungsorten auf die Sterne (durchschnittliche Entfernung Sonne–Erde = 149,6 Mill. km), weshalb die Sternörter jeweils um einen geringen Betrag verschoben erscheinen.

Das Prinzip der parallaktischen Verschiebung läßt sich sehr leicht erkennen, wenn man wechselseitig mit dem rechten und dem linken Auge zwei nebeneinander erscheinende, aber in Wirklichkeit weit voneinander entfernte Gegenstände betrachtet. Der

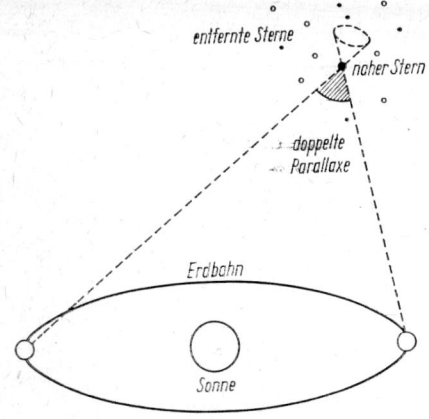

3 Entstehung der Parallaxe

nähere Gegenstand scheint dabei hin- und herzuspringen. Dem wechselseitigen Sehen durch jeweils ein Auge entspricht die Position der Erde auf entgegengesetzten Punkten ihrer Bahn im Laufe von sechs Monaten („rechts" und „links" der Sonne). [18, S. 57 bis 70]

Diesem Grundgedanken folgend, suchte Herschel zur Messung kosmischer Dimensionen in seiner zweiten Durchmusterung eng benachbarte Sterne, sog. Doppelsterne. Würde der eine von ihnen näher, der andere weiter entfernt stehen, müßte sich ihr Abstand, nach jeweils sechs Monaten beobachtet, verändern. Aus dem genauen Maß der Veränderung wäre dann der Abstand des näheren Sterns berechenbar. Diese Methode der relativen Parallaxe war bereits von Galilei begründet worden.

Niemandem war es bis dahin gelungen, eine Parallaxe zu messen, und über die Entfernung der Sterne war man sich weitgehend im unklaren. Der Grund dafür liegt in den gewaltigen Dimensionen des Kosmos, die den Parallaxenwinkel so klein werden lassen, daß die Genauigkeit der vorhandenen Fernrohre, auch von denen, die Herschel gebaut hatte, zu seiner Messung nicht ausreichte. Außerdem stellte Herschel bald selbst fest, daß er einem Irrtum erlegen war, als er annahm, alle Doppelsterne seien nur zufällig in der Gesichtslinie zusammenstehende Sterne, die in Wirklichkeit weit entfernt voreinander – „hintereinander" – im Weltall angeordnet sind. Doch dazu später. Am Abend des 13. März 1781 notierte Herschel eine sonderbare Erscheinung:

Im Bereich nahe ζ Tauri [Sternbild Stier] ist der untere von zwei Sternen ein anderer seltsamer Nebelstern oder vielleicht ein Komet.

Nachdem er sich von der Bewegung dieses Objekts überzeugt hatte, sandte er seinen „Bericht über einen Kometen" an die Royal Society, der auf ihrer Sitzung am 26. April verlesen wurde. Der Text begann ganz harmlos, und niemand, Herschel eingeschlossen, ahnte, was tatsächlich dahintersteckte:

Am Dienstag, den 13. März [1781], zwischen 10 und 11 Uhr abends, während ich die kleinen Sterne in der Nachbarschaft von H Geminorum [Sternbild Zwillinge] untersuchte, nahm ich einen Stern wahr, der sichtlich größer als die anderen erschien. Von seiner ungewöhnlichen Helligkeit überrascht, verglich ich ihn mit H Geminorum und dem kleinen Stern im Viereck zwischen dem Fuhrmann und den Zwillingen und fand ihn viel größer als beide, so daß ich mutmaßte, es wäre ein Komet.
. . .
Die Vergrößerung, die ich benützte, als ich den Kometen zuerst sah, war 227. Aus Erfahrung wußte ich, daß die Durchmesser der Sterne durch eine stärkere Vergrößerung nicht im gleichen Verhältnis vergrößert werden wie dies bei Planeten der Fall ist; deshalb nahm ich jetzt die Vergrößerungen 469 und 932 und stellte fest, daß der Durchmesser des Kometen der Vergrößerung entsprechend größer wurde, wie dies auch bei der Voraussetzung, daß es kein Stern ist, sein mußte, während die Durchmesser der Sterne, mit denen ich ihn verglich, nicht im gleichen Verhältnis größer wurden. Überdies erschien der Komet, der weitaus mehr vergrößert war, als dies seine Helligkeit eigentlich zuließ, mit starken Vergrößerungen neblig und unscharf, während die Sterne den Glanz und die Schärfe behielten, die sie – wie ich aus vielen tausend Beobachtungen wußte – bewahren würden. Das Ergebnis hat gezeigt, daß meine Vermutung wohl begründet war; denn es erwies sich, daß es der Komet war, den wir kürzlich beobachtet haben. [29, S. 13 f.]

Allerdings fehlten die typischen Kennzeichen dieser Himmelskörper – ein Schweif oder wenigstens ein diffuses Aussehen, verursacht durch die den Kern umgebende ausgedehnte Gaswolke.

Die Nachricht von der Entdeckung des Kometen verbreitete sich rasch über die Grenzen Englands hinaus in der wissenschaftlichen Welt, stieß aber auf Mißtrauen – man bezweifelte vor allem das enorme Leistungsvermögen des Herschelschen Teleskopes.

Sein Freund und Förderer William Watson faßte die Gedanken der Skeptiker, zu denen er nicht gehörte, in die Worte:

Die Optiker denken, es ist keine geringe Sache, wenn sie ein Teleskop verkaufen, das 60- oder 100fache Vergrößerung ermöglicht, und da kommt jemand, der sich anmaßt, ein solches hergestellt zu haben, das Vergrößerungen von etwa 6 000fach erlaubt, ist das glaubwürdig? [29, S. 15]

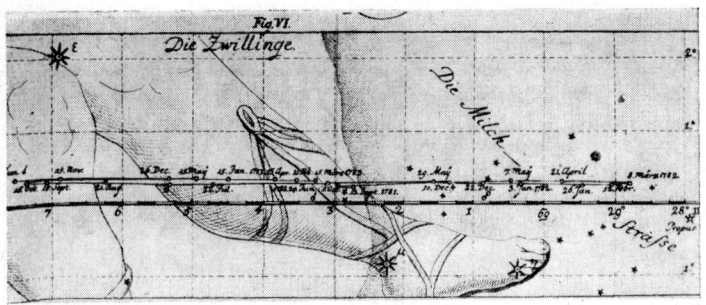

4 Der Lauf des Uranus vom 13. September 1781 bis zum 15. März 1783

Doch im März, April und Mai wurde das Gestirn von mehreren Astronomen beobachtet, und es blieb merkwürdig. Charles Messier, Direktor der Sternwarte in Paris, schrieb an Herschel:

Ich verwundere mich immer mehr über diesen Kometen. Er läßt keine der für einen Kometen charakteristischen Eigenschaften erkennen und erinnert mich auch an keinen einzigen der von mir beobachteten ... Aus einem Brief von London entnehme ich, daß wir Ihnen, Sir, diese Entdeckung zu verdanken haben. Sie gereicht Ihnen um so mehr zur Ehre, als die Auffindung des Objektes außerordentlich schwierig ist. Ich kann kaum verstehen, wie Sie diesen Stern – oder Kometen – mehrere Male hintereinander wiederfinden konnten – und das ist ja unbedingt notwendig, um seine Eigenbewegung festzustellen, da er keinerlei kometenhaftes Aussehen besitzt ... [9, S. 51]

Ein größeres Lob als dieses auf dem Munde des „Kometenjägers" Messier, der selbst 21 dieser Himmelskörper entdeckt hatte, konnte sich Herschel kaum wünschen.

Doch so bekannt dieses neue Gestirn auch bald wurde, so unbekannt war anfangs sein Entdecker. In einem ersten Bericht über den „Kometen" rätselt Johann Elert Bode, der sowohl auf dem Gebiet der Fachwissenschaft als auch auf dem der Popularisierung der Astronomie überaus verdiente Direktor der Berliner Sternwarte, über den Namen des „sehr aufmerksame(n) Liebhaber(s) der Astronomie zu Bath in England": Merfthel, Hertschel, Herthel, Herrschell, Hermstel und ruft am Ende aus: „Wie ist nun eigentlich sein Name?" [3, für 1784, S. 211] Dieser Name drang bald bis in die Tagespresse.

Der neue Himmelskörper lief seit seiner Entdeckung rechtläufig (von West nach Ost) mit einer täglichen scheinbaren Bewegung von 0′′,75 (Bogensekunden), die Deklination (Abstand vom Himmelsäquator) blieb fast unverändert. Trotz seiner Annäherung an die Sonne war nicht der geringste Ansatz eines Schweifes zu sehen, so daß die Außerordentlichkeit dieses Körpers immer mehr hervortrat und die Vermutung seiner planetaren Natur aufkeimte. Auf einer Sitzung der Pariser Akademie am 25. April 1781 hieß es:

Es sey das erstemal, daß man einen Kometen von dieser Art entdeckt habe, und man wisse nicht, was man von diesem merkwürdigen Körper denken solle, den die englischen Astronomen für einen neuen Planeten, und andere für einen ganz besonderen Stern ansehen. [7, S. 12 f.]

Doch nicht nur das Aussehen des Gestirns deutete eher auf einen Planeten als auf einen Kometen, sondern auch dessen Bewegung. Während Planeten in sehr kreisähnlichen Ellipsen um die Sonne laufen, ziehen Kometen in der Regel auf sehr stark elliptischen Bahnen um unser Zentralgestirn. Schon die erste Bahnberechnung des Neulings durch Anders Lexell im Juni 1781 brachte eine gute Übereinstimmung der Rechnung mit den Beobachtungen unter der Voraussetzung einer Kreisbahn mit dem Radius von 18,928 Erdbahnhalbmessern und einer Umlaufzeit um die Sonne von 82 Jahren und 4 Monaten.

So erwies sich der vermeintliche Komet tatsächlich als ein neuer Hauptplanet unseres Sonnensystems, jenseits des Saturns.

Einer der ersten, der den Gedanken der planetaren Natur energisch verteidigt hatte, war Bode. Nach seinen Worten wurde aus der vermeintlichen Routineentdeckung eines Kometen die „wichtigste Entdeckung unter allen, die jemals am Himmel gemacht worden". [7, S. 5] Nun soll nicht über die Berechtigung dieser Wertung gestritten werden. Das Sensationelle an der Entdeckung war, daß alle Planeten von Merkur bis Saturn schon seit dem Altertum bekannt waren und daß in den mehr als 2 000 Jahren astronomischer Forschung kein neuer Planet entdeckt werden konnte.

Nachdem vor allem durch die Bahnberechnungen der Streit um die Existenz des neuen Planeten beigelegt worden war und manch Neider zur Kenntnis nehmen mußte, daß diese wichtige Entdeckung einem „Amateur" und Neuling in der Astronomie gelungen war, gab es heiße Debatten, wie dieser neue Planet benannt werden sollte.

Es ist ein noch heute geübter Brauch, daß den Entdeckern von Planetoiden das Recht der Namensgebung zusteht. Kometen erhalten direkt den Namen ihres Entdeckers. So nannte Simon Marius die Jupitermonde nach eigenen Beobachtungen „Siderea Brandenburgica" („Brandenburgische Gestirne"), Galilei „Medicea Siderea" („Medicäische Gestirne") und Giovanni Domenico Cassini bezeichnete die Saturnmonde als „Siderea Ludoviciana" („Ludwigsgestirne"). Mit diesen Namensgebungen waren stets klare Erwartungen ausgesprochen: die Gunst eines Herrschers, in dessen Dienst der Astronom stand. Aus demselben Grunde kam im 18. und 19. Jahrhundert die Unart in Mode, aus bestehenden Sternbildern Teile abzutrennen, um daraus die „Karlseiche", das „Herz Karls II.", das „Brandenburgische Zepter", die „Friedrichs II. Ehre", die „Georgs-Harfe" usw. zu machen.

Herschel taufte seinen Planeten „Georgium Sidus", das „Georgsgestirn", zu Ehren König Georgs III. von Großbritannien und Irland. Er hatte, wie noch zu zeigen sein wird, tatsächlich Grund zur Dankbarkeit gegenüber Georg, einem der Astronomie gegenüber aufgeschlossenen Herrscher. Auf allgemeine Anerkennung seines Vorschlages hoffte Herschel übrigens nicht, wie er schon 1783 in einem Brief an Bode bekannte. [7, S. 92 f.] Ungeachtet dessen hielt er zeit seines Lebens an seiner Namensgebung fest, wie sich überhaupt „Georgium Sidus" in der englischen Fachliteratur lange hielt.

Viele andere Vorschläge wurden gemacht. Lexell trieb die Namensvorschläge auf die Spitze und plädierte angesichts der großen Taten der englischen Flotte für „Neptun Georgs des Dritten". Dieser Name war nicht nur ein Wortungetüm, sondern auch ein Affront gegen die politischen Gegner Englands. In Frankreich nannte man den Himmelskörper den „Herschelschen Planeten". Vorgeschlagen wurde auch „Astraea", „Cybele", „Rhea", „Neptun" u. a.

Gegen all dies hatte Bode seine Einwände:

Meines Erachtens muß man bey dieser Wahl die Mythologie befolgen, aus welcher die uralten Namen der übrigen Planeten entlehnt worden; denn in der Reihe der bisher bekannten, würde der von einer merkwürdigen Person oder Begebenheit der neuern Zeit hergenommene Name eines Planeten sehr auffallen. [7, S. 88]

Sein Vorschlag war: Uranus – womit er in der Tat eine sehr passende Ableitung aus der griechischen Mythologie wählte und geradezu „Familiensinn" bewies. Denn Uranus ist der Vater des Saturn und dieser wiederum der Vater von Jupiter. Diese Reihenfolge der Planeten mit abnehmender Sonnennähe läßt sich noch fortsetzen, da Mars, Venus und Merkur Kinder des Jupiter sind. Nach einer Sage des griechischen Geschichtsschreibers Diodor von Sizilien war Uranus König des nordafrikanischen Volkes der Atlanten, Stifter ihres Gemeinwesens, Erfinder vieler nützlicher Künste und eifriger Himmelsforscher. Dieser Name setzte sich durch.

So überraschend die Entdeckung des siebenten Hauptplaneten unseres Sonnensystems zunächst erschien, so war man andererseits darauf nicht ganz unvorbereitet. Im Jahre 1766 hatte der Wittenberger Professor Johann Daniel Titius eine eigenartige Beziehung zwischen den Abständen der Planetenbahnen zur Sonne gefunden, die seit 1772 von Bode weithin bekannt gemacht wurde und heute als Titius-Bode-Reihe bezeichnet wird [39]. In der Bodeschen Form wird diese Abstandsregel auf die Bahn der Erde bezogen, deren Radius gleich 10 gesetzt wird. Daraus folgte zu Bodes Zeit:

$4 + 0 = 4$ Merkur $4 + 24 = 28$?
$4 + 3 = 7$ Venus $4 + 48 = 52$ Jupiter
$4 + 6 = 10$ Erde $4 + 96 = 100$ Saturn
$4 + 12 = 16$ Mars $4 + 192 = 196$?

(Es gibt davon abweichende Formen, die jedoch auf dieselben Zahlenwerte führen.)

Aus diesen Daten leitete Bode zwei Vermutungen ab:

Ist es aber wol glaublich, daß dem Erdbewohner, welcher mit bewaffneten Augen und vieler Mühe erst seit etwa 170 Jahren die Jupiters- und Saturns-Trabanten etc. entdeckt hat, keine Planetenkugel unserer Sonnenwelt mehr unbekannt sey? und sollten wirklich die Grenzen des Sonnenreichs da seyn, wo wir den Saturn sehen? Oder können nicht doch noch mehrere große Planetenkugeln jenseits des Saturns, immer von Menschen ungesehen, ihre weiten Kreise um die Sonne beschreiben? [6, S. 634]

Diese klar ausgesprochene Voraussage eines Transsaturn bestätigte sich durch Herschels Entdeckung.

Innerhalb der Bahn des Merkur läßt sich schwerlich ein noch unbekannter Planet gedenken: allein, wozu auf einmal der große Raum, welcher sich zwischen Mars und Jupiter befindet, wo bis jetzt noch kein Hauptplanet gesehen wird. [6, S. 634]

Im Jahre 1801 bewahrheitete sich mit der Entdeckung des Planetoiden Ceres auch diese Vermutung, wenn auch in einer Weise, die Bode nicht vorausgesehen hatte! Nicht ein Planet, sondern tausend Kleinplaneten befinden sich in diesem Bereich, von denen bis heute fast 3 400 katalogisiert sind.

Die Weiterführung der Titius-Bode-Reihe über den Saturn hinaus ergibt den Zahlenwert von 196, mit dem der wirkliche Abstand des Planeten Uranus von 19,18228 Astronomischen Einheiten (1 Astronomische Einheit = mittlerer Erdbahnradius = 149,6 Mill. km) gut vereinbar ist.

Die Bestätigung der Bodeschen Berechnung durch die Entdeckung des Herschelschen Planeten regte nicht nur die Suche nach dem Planeten zwischen Mars und Jupiter an, die am 1. Jan. 1801, dem ersten Tag des 19. Jahrhunderts, erfolgreich war, sondern führte Bode zu der Vermutung, daß außerhalb der Uranusbahn noch weitere Planeten existierten.

Wenn die obige ordentlich fortgeführte Progreßion in den Abständen der uns nun bekannten sieben Planeten, auf denjenigen angewendet wird, der zunächst hinter den neu entdeckten folgt, so muß derselbe wieder fast noch einmal so weit, wie dieser von der Sonne stehen, und daher glaube ich nicht, daß wir ihn jemals entdecken werden. Es darf also diese unerwartete Entdeckung eines neuen Hauptplaneten die Vorstellung nicht veranlassen, als wenn mit der Zeit noch manche derselben entdeckt werden möchten. [7, S. 56]

So glänzend sich der erste Teil der Prognose Bodes mit der 1846 erfolgten Neptunentdeckung an der Berliner Sternwarte bestätigte (wenn auch nicht mit dem Wert der Titius-Bode-Reihe), ging die Entwicklung der Wissenschaften über die angenommene ewige Unsichtbarkeit eines weiteren Planeten hinweg, wie jedesmal in der Geschichte, wenn dem menschlichen Erkennen Grenzen prophezeit worden sind.

Mit der Uranusentdeckung durch Wilhelm Herschel wurde der Durchmesser des bekannten Planetensystems mit einem Mal auf fast das Doppelte erweitert.

Die maximale Helligkeit von 5,5 Größenklassen, die Uranus erreichen kann, liegt an der Grenze der Sichtbarkeit mit bloßem Auge. Deshalb schien es verwunderlich, daß die Entdeckung dieses Planeten erst im Jahre 1781 gelang. Schon kurz nachdem erste Bahnbestimmungen vorlagen, durchmusterte deshalb Bode die Sternkataloge von Tycho Brahe, John Flamsteed, Johannes Hevelius, Tobias Mayer, Nikolaus Louis Lacaille und Charles Messier in der Hoffnung, daß diese den neuen Planeten unerkannt als Stern in ihren Listen registriert hätten. Eine deutliche Spur fand sich zunächst bei Mayer, der den Uranus als Stern Nr. 964 im Sternbild Wassermann am 25. Sept. 1756 verzeichnete. Die älteste Beobachtung fand sich schon vom 23. Dez. 1690 vom damaligen Astronomer Royal John Flamsteed. Insgesamt konnten bis heute 22 Beobachtungen vor Herschel registriert werden.

So zeigt sich auch in diesem Falle, daß eine Beobachtung, die das Wesen des Gesehenen nicht erfaßt, noch keine Entdeckung ist!

Warum aber wurde die Planetennatur von Uranus nicht schon vor Herschel erkannt? Der Grund liegt darin, daß die Fernrohre der Astronomen vor Herschel keine genügende Vergrößerung erlaubten und auch nicht die Abbildungsqualität erreichten, um dieses Gestirn unter den umliegenden Sternen vergleichbarer Helligkeit als besonderes Objekt herauszufinden. Herschel dagegen vermochte mit einer 227fachen Vergrößerung die flächenhafte Ausdehnung deutlich zu sehen.

Dennoch waren die älteren Uranusbeobachtungen von großem Nutzen, da die Bewegung des Planeten nun während eines viel größeren Zeitabschnitts bekannt wurde. Diese Daten wurden für die mathematische Vorausberechnung des Neptun und schließlich seine Entdeckung 1846 von großer Wichtigkeit.

Herschel hat sich noch lange Zeit immer wieder mit „seinem" Planeten befaßt. Im Jahre 1783 maß er dessen scheinbaren Durchmesser mit 4 Bogensekunden, woraus in recht guter Annäherung an den heutigen Wert der 4,5fache Erddurchmesser folgt. Am 11. Jan. 1787 sah Herschel in der Nähe des Uranus zwei kleine Sternchen, deren Bewegung dem Planeten zu folgen schien. Die Vermutung, es seien Monde des Uranus, bestätigte sich, und Herschel gelang eine erste, sehr gute Bestimmung der Umlaufzeiten, die sich zu 8 d 17 h 1 min bzw. 13 d 11 h 5 min ergaben. Diese Monde erhielten die Namen Titania und Oberon. Herschel irrte jedoch, als er zehn Jahre später über die Entdeckung weiterer vier Monde berichtete. Hier ließ er sich vermutlich durch kleine Sterne in der Umgebung des Planeten täuschen. Die weiteren

Monde wurden erst 1851 (Ariel und Umbriel) bzw. 1948 (Miranda) von William Lassell und Gerard P. Kuiper entdeckt. Auf fotografischen Aufnahmen durch die Planetensonde Voyager 2 gelang dann 1985/86 der Nachweis weiterer 10 Monde.

5 Herschel mit dem Uranus und dessen beiden von ihm entdeckten Monden. Nach einem Gemälde von J. Russell, 1794

1977 führte die Beobachtung einer Sternbedeckung durch Uranus zur Entdeckung seines Ringsystems. Damit ist Uranus neben dem klassischen Ringplaneten Saturn und dem Jupiter der dritte ringtragende Planet unseres Sonnensystems.

Unsere Kenntnis vom physikalischen Aufbau des Uranus ist in vielem noch recht unsicher. Er besteht vermutlich aus einem etwa erdgroßen festen Gesteinskern, der von einem ca. 11 000 km tiefen „Ozean" aus H_3O^+- und OH^--Ionen sowie Ammoniak und einer äußeren Hülle mit Wasserstoff, Helium und Metan umgeben ist. Die mittlere Temperatur seiner Atmosphäre beträgt

−213 °C, der Äquatorradius des bläulichgrün schimmernden Planeten 25 900 km (= 4,06 Erdradien). In etwa 16 ³/₄ Stunden rotiert er einmal um seine Achse.

Die Wende: Astronom des Königs

Die Entdeckung des Uranus war Resultat der zweiten Himmelsdurchmusterung. Natürlich hatte Herschel nicht planmäßig nach einem neuen Planeten gesucht, ganz sicher wußte er gar nichts von der Titius-Bode-Reihe, da sich seine Literaturkenntnisse zu jener Zeit auf wenige Standardwerke beschränkten. Dennoch war seine Uranusentdeckung kein Produkt des Zufalls. Denn bei der Arbeitsweise Herschels, jeden Stern bis zur 8. Größenklasse zu registrieren, und bei der hervorragenden Qualität seiner Teleskope war es nur eine Frage der Zeit, wann er auf den Neuling stoßen würde.

Für die Entwicklung der Astronomie war die Uranusentdeckung von eminenter Bedeutung – nicht minder bedeutend wurde sie für das persönliche Leben des Entdeckers.

Noch 1781 wurde Herschel zum Mitglied der ehrwürdigen Royal Society ernannt und erhielt ihre Copley-Medaille für seine „Entdeckung eines neuen eigenthümlichen Gestirns". In seiner Laudatio sagte der Präsident Sir Joseph Banks:

Im Namen der Royal Society übergebe ich Ihnen hier diese goldene Medaille und ich fordre Sie auf, auch ferner fleißig das Feld der Wissenschaft zu bebauen, auf welchem Sie so reiche Ehren geerndtet haben.[28, S. 56]

Er konnte nicht im geringsten ahnen, daß er seine freundlichmahnenden Worte an einen Mann richtete, dessen Lebenswerk auf die gesamte Astronomie umgestaltend wirken sollte.

Und noch etwas trat ein: Um die Osterzeit 1782 erhielt Herschel die Mitteilung, er solle sich an den Königshof begeben und dem König mit seiner Familie durch sein Spiegelteleskop den Himmel zeigen sowie von seinen Arbeiten berichten. Am 8. Mai begab er sich mit dem 7füßigen Fernrohr, Sternkarten und seiner neuesten Arbeit über Doppelsterne im Gepäck auf die Reise. Erst Ende Juli kam er zurück. Er hatte mit dem König über astronomische Fragen gesprochen, dessen Privatkonzerte besucht und wurde in die „beste Gesellschaft" eingeführt. Außerdem bekam er Gelegenheit, dem Königlichen Astronomen Nevil Maskelyne und dem Privatgelehrten Alexander Aubert an der Sternwarte Greenwich seine Spiegelteleskope zu zeigen.

> Wir haben unsere Instrumente verglichen, und es fand sich, daß das meinige viel besser war, als irgend eins des Königlichen Observatoriums. Ich hatte das Vergnügen, ihnen Doppelsterne, die sie mit ihren Telescopen nicht sahen, ganz deutlich zu zeigen ... Unter den Optikern und Astronomen ist jetzt von nichts die Rede als von meinen sogenannten großen Entdeckungen. Leider zeigt es, wie weit sie noch zurück sind, wenn sie solche Kleinigkeiten, wie die, welche ich gesehen und gethan, schon groß nennen. Laßt mich nur erst ordentlich anfangen! Ich will Euch Telescope machen und Dinge entdecken – d. h. ich will mich bestreben, das zu thun. [21, S. 59]

So äußerte sich Herschel gegenüber seiner Schwester, die ihm bei der Arbeit seine engste Vertraute war. Bei aller Bescheidenheit sprechen aus seinen Worten auch Stolz auf die eigenen Leistungen und Vertrauen in die eigene Kraft.

So bedeutsam der Aufenthalt am Hofe und an der Sternwarte Greenwich war – mit der Zeit belastete ihn die erzwungene Untätigkeit und die viele Zeit, die er mit Reisen zwischen dem Königshof und Greenwich vertun mußte und die der Wissenschaft verloren ging. Manchesmal schien es auch nicht die reine Freude gewesen zu sein, der Hofgesellschaft die Sterne zu zeigen, so etwa, wenn die Prinzessinnen anfragen ließen, „ob dies nicht möglich wäre, ohne hinaus aufs Gras zu gehen" [21, S. 60]. Es ging! Herschel bastelte einen Saturn aus Pappe und erntete dafür viel Beifall.

König Georg III. zeigte sich in astronomischen Dingen recht gut unterrichtet, und es war mehr als eine Laune, als er „die Rückkehr" Herschels „zu seinem Beruf nicht dulden wollte" [21, S. 62], wie Karoline schrieb. Er machte Herschel das Angebot, sich fortan ganz der Astronomie zu widmen, wofür er ihm als „Königlichem Astronom" ein jährliches Gehalt von 200 Pfund einräumte. Auch Karoline wurde als Herschels Assistentin bedacht. Im Unterschied zu manch anderem Fürsten hat Georg diese Summe stets gezahlt und später weitere finanzielle Zuschüsse bewilligt.

Man bedenke: Herschel stand bereits im 44. Lebensjahr, als ihm die Chance gewährt wurde, sich fortan ganz der Tätigkeit hinzugeben, die ihm jahrelang nur Freizeitbeschäftigung hatte sein dürfen.

Als Herschel nach Bath zurückkehrte, hatte er bereits in Datchet, nahe Windsor, ein Haus mit Garten und Nebengelassen gemietet. In wenigen Tagen war der Umzug bewältigt. Doch eine sehr glückliche Hand schien er bei der Wahl des neuen Wohnhauses nicht gehabt zu haben, was Wilhelm Herschels Schwiegertochter später als Wiedergabe des Eindrucks von Karoline so schreibt:

Das neue Daheim war geräumig, aber sehr vernachlässigt. Das Haus im kläglichsten Verfall, Garten und Hof von Unkraut überwuchert ... Aber diese Dinge hatten bei ihrem Bruder kein Gewicht. Er sah nur die Ställe, in denen man Spiegel schleifen konnte, das geräumige Waschhaus, das zur Bibliothek dienen sollte und eine Thür nach dem Grasplatz hatte, auf dem man das ‚kleine Zwanzigfüßige' aufstellen wollte. Er versicherte der Schwester heiter, daß sie von Eiern und Schinken leben könnten, die hier, wo man wirklich auf dem Lande wäre, ja beinahe nichts kosten würden. [21, S. 63]

Die Realität, mit der sich Karoline konfrontiert sah, war doch ein wenig anders, denn die Preise „von den Kohlen bis zu den Fleischwaren" erschreckten sie [21, S. 63]. Ganz sicher war Herschel in einer euphorischen Stimmung, die ihn solche „Kleinigkeiten" vergessen ließ.

Zusätzlich sah sich die Schwester in dieser Zeit vor schwerwiegende Entscheidungen gestellt. Sie wußte, daß sie bei Fortsetzung ihrer Übungen „ein nützliches Mitglied der musikalischen Welt" werden könnte [21, S. 64]. Auf der anderen Seite begann sie, sich durch ihren Bruder zum astronomischen Assistenten ausbilden zu lassen. Ihre erste Eintragung im Beobachtungsjournal ist vom 20. Aug. 1782. Gegen Ende dieses Jahres versuchte sie systematische Beobachtungen und gewann „etwas mehr Muth, die sternenhellen Nächte auf einem thaugetränkten oder mit Reif bedeckten Rasenplatze, ohne ein menschliches Wesen zuzubringen" [21, S. 65]. Sie wußte jedoch noch zu wenig Bescheid am Sternenhimmel, um Sternhaufen oder Nebel ohne aufwendiges Vergleichen mit Himmelskarten identifizieren zu können. Ihre erste Übungszeit war nur kurz, da Wilhelm Herschel sie als Beobachtungshelferin benötigte. In ihren Worten zeigt sich wieder ihre völlige Selbstaufgabe:

Indessen hatte ich den Trost zu sehen, daß er mit meinen Bemühungen ihm behülflich zu sein, zufrieden war, mochte es sich nun darum handeln, nach den Uhren zu sehen, ein Memorandum niederzuschreiben, Instrumente herbeizuholen oder fortzubringen. [21, S. 66]

Sie verrichtete also einfache Hilfsdienste. Offensichtlich bemerkte ihr Bruder nicht, daß er Karoline, die weit größere geistige Anlagen besaß, mit solchen Tätigkeiten von eigener schöpferischer Tätigkeit abhielt. Erst später und immer wieder durch Dienstleistungen für Wilhelm unterbrochen, fand sie Zeit, sich durch eigene Arbeiten einen Namen in der Astronomie zu machen.

6 Karoline Lukretia Herschel im Alter von 92 Jahren mit eigenhändiger Unterschrift

Karoline Herschels Aufopferung ist in einer Vergangenheit, in welcher die Selbstaufgabe der Frau für einen Mann eine Selbstverständlichkeit war, oft glorifiziert worden. Ihre Aufopferung und die Selbstverständlichkeit, mit der ihr Bruder ihre uneingeschränkte Hingabe in Anspruch nahm, sollte heute differenzierter betrachtet und bewertet werden.

Das Haus Wilhelm Herschels bildete den geistigen Mittelpunkt der Familie Herschel. Für eine mehr oder weniger lange Zeit hielten sich weitere Familienmitglieder hier auf. In erster Linie ist Alexander zu nennen, der bald nach dem Tode des Vaters kam, viele Jahre in Bath war und intensiv in die astronomischen Pläne des Bruders einbezogen wurde. Kurzzeitig kam auch Dietrich, der hier Musikunterricht erhielt.

Die Beanspruchung Herschels als „Königlicher Astronom" (im Unterschied zum „Astronomer Royal", dem Direktor der Sternwarte Greenwich, war er wohl eher' Privatastronom des Königs) erlaubte ihm eine recht ungestörte Forschung. Nur selten verlangte man nach ihm. Freilich hieß dies jedesmal, das Fernrohr zu demontieren, an Ort und Stelle zu schaffen, dort aufzubauen und nach erledigtem Auftrag wieder nach Hause zu bringen, wo es sofort für die Arbeit herzurichten war. Als „Reiseinstrument", das in gar keiner Weise für häufigen Transport gedacht war, diente das 7füßige Spiegelteleskop.

Herschel & Geschwister – astronomische Teleskope en gros

Am Beginn der eigenen Fernrohrherstellung stand der Kauf von Werkzeugen, Schleifmittel und Polierzeug bei einem Quäker, der selbst verschiedene, nicht sehr erfolgreiche Versuche der Fernrohrproduktion gemacht hatte. Eigentlich war all dies nur für kleine Spiegeldurchmesser geeignet, doch Herschels Erfindersinn sowie der Anleitung durch Smiths „Optik" ist es zu verdanken, daß bald für die Himmelsbeobachtung sehr gute Geräte entstanden, von denen einige bereits Erwähnung fanden.

Eine große Hilfe bei dieser Arbeit war für Wilhelm Herschel nicht nur die Schwester Karoline, sondern auch der Bruder Alexander. Letzterer blieb in seinem Berufsleben Musiker in Bristol und Bath, wo er „siebenundvierzig Jahre lang alle Musikfreunde und Besucher von Conzerten als erster Violoncellist entzückte" [21, S. 163], wie es in einem Nachruf hieß. Doch seine Freizeit verbrachte er oft in Wilhelms Haus. 1816 kehrte er nach Hannover zurück, wo er bis zu seinem Tod mit finanzieller Unterstützung seines Bruders lebte.

Alexander war nicht nur ein guter Musiker, sondern besaß handwerkliches Geschick. Nicht nur, daß er schon in jungen Jahren eine Kuckucksuhr gebaut hatte, sondern er vermochte seinem Bruder beim Instrumentenbau sehr erfolgreich zur Hand zu gehen, wenigstens in den Sommermonaten, in denen er keinen Konzertverpflichtungen nachzukommen hatte.

Alexander oblagen vor allem mechanische Arbeiten. Dafür besaß er hervorragende Voraussetzungen. Außerdem hatte es Wilhelm Herschel nach einigen fehlgeschlagenen Versuchen aufgegeben, Arbeiten an Uhrmacher und andere Handwerker zu vergeben. Weder das Resultat noch der Preis entsprachen seinen Erwartungen. Alexander brachte seine Fähigkeiten zu solcher Vollkommenheit, daß er selbst Teleskope herstellte.

Die Intensität der Arbeiten beim Fernrohrbau war außergewöhnlich hoch. Karoline erinnert sich:

Denn meine Zeit war durch Notenschreiben und meine musikalischen

Studien ganz und gar ausgefüllt, und außerdem hatte ich meinen Bruder zu pflegen, dem ich, wenn er polierte, die Speisen bissenweise in den Mund geben mußte, um ihn am Leben zu erhalten. Dies war namentlich einmal der Fall, als er in der Vollendung eines siebenfüßigen Spiegels begriffen, denselben sechszehn Stunden lang nicht aus der Hand legte. [21, S. 47]

Tatsächlich kostete Herschel die Herstellung der Spiegel sehr viel Zeit. Zwar ließ er sich beim Schleifen und Polieren von Karoline z. B. den Don Quichote, Märchen aus Tausend und einer Nacht, Novellen von Laurence Sterne, Henry Fielding u. a. vorlesen, vergaß also nicht seine kulturelle Bildung, doch fesselten die technischen Dinge weitgehend seine Aufmerksamkeit. So ist es auch zu erklären, daß selbst seine astronomischen Kenntnisse sich auf wenige Standardwerke beschränkten und ihm bei Veröffentlichungen wichtige Literatur oft erst nachträglich durch Freunde bekannt gemacht wurde. Gelegentlich waren sogar Fehler in seinen Manuskripten zu korrigieren.

Bei all dem ist aber zu bedenken, daß die Herstellung von Fernrohrspiegeln zu Herschels Zeit ein weitaus schwierigeres Unterfangen war als gegenwärtig.

Die Spiegel wurden aus Metall gefertigt, da es keine effektiven Verfahren der Oberflächenverspiegelung gab. Schon das Spiegelmetall für sich war eine geheimnisvolle Materie. Verwendet wurde eine Kupfer-Zinn-Legierung. Ein hoher Zinngehalt (rd. 32 %) macht das Metall rein weiß, sehr hart und läßt eine gute Politur zu. Außerdem wird es widerstandsfähig gegen atmosphärische Einflüsse. Doch bei dieser Zusammensetzung ist die Gefahr des Zerspringens sehr groß. Deshalb mußte Herschel bei allen größeren Spiegeln mit dem Zinngehalt zurückgehen – um den Preis einer guten Politur und der rascheren Erblindung der Oberfläche. Es war notwendig, in vielen Experimenten für fast jede Spiegelgröße die optimale Legierung zu finden. Auch die Art der Abkühlung erwies sich von Einfluß auf die Politur. Über alle Experimente führte Herschel sorgfältig Buch. Seine Protokollbände weisen 2 160 Versuche nach, den letzten vom 5. Dez. 1818, als Herschel bereits 80 Jahre alt war.

Zur Prüfung der hergestellten Spiegel stehen heute eine Vielzahl von Tests zur Verfügung, mit denen sich ermitteln läßt, wie weit die Oberfläche von der parabolischen Idealform entfernt ist und an welchen Stellen Korrekturen erforderlich sind. Herschel mußte seine Spiegel noch auf empirischem Wege prüfen.

Er ging so vor, daß er stets mehrere Spiegel der gewünschten Dimension gleichzeitig zu bearbeiten begann. War er der Meinung, daß er sich dem Ziel der idealen Form näherte, baute er die Spiegel nacheinander in den vorbereiteten Tubus ein und testete ihre Abbildungsgüte. Den besten nahm er vorläufig in Gebrauch und setzte die Bearbeitung der übrigen fort. Fand er unter ihnen einen besseren, so trat dieser an die Stelle des bisherigen usw. Alle diese Arbeiten mußten mit der Hand ausgeführt werden, da es noch keine Bearbeitungsmaschinen gab. Lediglich bei der Herstellung des 40-Fuß-Spiegels setzte Herschel zeitweise eine von ihm entworfene Maschine ein. Ohne Zweifel war dies ein sehr aufwendiges Verfahren, jedoch den Bedingungen angepaßt und in diesem Rahmen zweckmäßig.

Moderne Testverfahren ergaben, daß die Qualität der Spiegel recht gut war, auch wenn es nicht immer gelang, die beste Oberflächenform zu erreichen. Dennoch waren Herschels Spiegel zu seiner Zeit allen anderen Instrumenten in der Lichtstärke und der „raumdurchdringenden Kraft" (die Fähigkeit, weit entfernte Objekte am Himmel sichtbar zu machen) weitaus überlegen. Die kleinen Fehler spielten im Rahmen der Aufgabenstellung, wie sie Herschel für seine Arbeiten sah, keine Rolle.

Nach eigenen Angaben stellte Herschel gemeinsam mit seinen Geschwistern 200 Spiegel mit 7 Fuß, 150 mit 10 Fuß und etwa 80 mit 20 Fuß Brennweite her! Natürlich wurden viele von ihnen wegen mangelnder Qualität wieder eingeschmolzen, aber dem eigenen Bedarf dienten sie wenigstens. Ein beachtlicher Teil kam zum Verkauf an Besteller aus aller Welt, was zum einträglichen Geschäft gedieh. Eine unvollständige Verkaufsliste führt eine Gesamtsumme der Preise von fast 15 000 Pfund (rd. 300 000 Goldmark) an. Herschels Jahresgehalt, daran sei erinnert, betrug 200 Pfund. Verkauft wurden sowohl komplette Geräte als auch einzelne Spiegelscheiben. In letzterem Fall lieferte Herschel eine detaillierte Bauanleitung für die Montierung mit.

Bekannt ist, daß ein 25-Fuß-Teleskop für den spanischen König 3 150 Pfund sowie ein 10- und ein 7-Fuß-Teleskop für den Bruder Napoleons 2 310 Pfund kosteten. Damit sind bereits zwei prominente Besteller genannt. Andere waren der russische Zar, der österreichische Kaiser, der Herzog von Toskana, Bode in Berlin, Schroeter in Lilienthal, Giovanni Piazzi in Palermo, Alexander Wilson in Glasgow, John Pond in London, Friedrich v. Hahn in Remplin/Meckl. usw. Zwar war der Auswand, der für diese Arbeiten betrieben werden mußte, erheblich, wurde aber durch den Erfolg gerechtfertigt. Das Unternehmen Herschel & Geschwister gehörte zu den besten optischen Werkstätten des 18. Jahrhunderts. Wieder sei der Bericht Karoline Herschels herangezogen:

> In den langen Sommertagen wurden viele zehn- und siebenfüßige Spiegel vollendet; man sah und hörte nichts, als Schleifen und Polieren. Die zehnfüßigen hatte man versuchsweise, um das Gewicht zu vermindern, mit gerippter Rückseite gegossen [ein heute allgemein übliches Verfahren – J. H.]. In meinen Mußestunden schliff ich siebenfüßige und mittlere Spiegel von dem ersten rohen Zustande bis zur höchsten Feinheit ... [21, S. 70]

Zur Herstellung eines 30-Fuß-Spiegels heißt es:

> Der Spiegel sollte in einer Form von Mörtel gegossen werden, der aus Pferdedünger bereitet wurde und zu welchem eine ungeheure Menge dieses Stoffes in einem Mörser gestoßen und durch ein feines Sieb gesiebt werden mußte. Es war eine endlose Arbeit und hielt mich manche Stunde in Bewegung. Auch Alexander half oft dabei, denn wir waren alle voll Eifer, etwas für das große Werk zu thun. Selbst Sir William Watson nahm mir zuweilen den Stößel aus der Hand, wenn er mich in dem Arbeitsraume fand, in dem er seinen Freund aufsuchte. [21, S. 53 f.]

Gelegentlich gab es auch einen Arbeitsunfall, vor allem, weil man oft das Maß der zumutbaren Belastung weit überschritt.
So beträchtlich der finanzielle Gewinn durch den Fernrohrhandel war, so spürten sowohl Wilhelm als auch Karoline Herschel, wieviel wertvolle Zeit und Kraft ihnen verlorenging. Sie schrieb:

> Er war jetzt fünfundvierzig Jahre alt und fühlte, wie großes Unrecht er sich selbst und der Sache der Astronomie zufügen würde, wenn er seine Zeit damit hinbrächte, Telescope für Andere anzufertigen. [28, S. 81]

Diese Einschätzung gilt um so mehr, als die von Herschel gelieferten Spiegel, von wenigen Ausnahmen abgesehen, kaum in ernsthaftem Gebrauch waren. Ein gutes Fernrohr allein genügt eben nicht, man muß auch etwas mit ihm anzufangen wissen.
Trotz dieser aufwendigen Arbeiten wurde jede klare Nachtstunde zur Beobachtung genutzt. Über Herschels Arbeitsweise mit dem 20-Fuß-Teleskop, das jahrelang das am intensivsten be-

nutzte war, liegt ein interessantes Dokument eines Besuchers aus dem Jahre 1785 vor. Er berichtet an Bode:

Ich habe die Nacht vom 6ten auf den 7ten dieses Januar bey Herrn Herschel nahe bey Windsor, im Dorfe Datchet zugebracht, und hatte das Glück eine heitere Nacht zu treffen. Er hatte sein grosses 20füssiges Newtonianisches Teleskop in seinem Garten unter freyem Himmel mit einer sehr einfachen und bequemen Zurüstung aufgestellt. Ein untenstehender Bedienter drehet eine Kurbel wechselweise vor- und rückwärts bis ein Hammer anschlägt, so bald das Teleskop um die Weite des Gesichtsfeldes erhöhet oder erniedriget worden. Diese Bewegung wird durch einen Draht in ein benachbartes Zimmer fortgeführt, und dadurch der Zeiger an einer Scheibe, deren Abtheilungen nach den verschiedenen Winkeln der Erhöhung des Teleskops, in einer Tabelle berechnet sind, umgedreht. Neben diesem Instrument steht eine Pendeluhr, die nach der Sternenzeit eingerichtet ist und die gerade Aufsteigung [Rektaszension – J. H.] angiebt. In diesem Zimmer sitzt die Schwester des Herrn Herschel und hat die Flamsteedtschen Himmelscharten vor sich. Wenn Er also ein Zeichen giebt, so bemerkt Sie im Journal die Abweichung [Deklination – J. H.] und gerade Aufsteigung, und zeigt überdem die übrigen Umstände der Erscheinung an. Auf diese Art untersucht Herr Herschel den ganzen Himmel, ohne auch nur einen einzigen Theil desselben zu verabsäumen. Er beobachtet gewöhnlich mit einer 150maligen Vergrößerung und versichert, dass er nach 4 bis 5 Jahren alles was über unserm Horizont vorgeht, durchgemustert haben würde. Er zeigte mir das Buch, worin seine bisherigen Beobachtungen sämtlich eingetragen sind, und ich musste über die Menge dessen, was er schon am Himmel untersucht, erstaunen ... Er hat schon nahe an 900 Doppelsterne und ohngefehr eben so viel Nebelsterne aufgefunden. Ich begab mich eine Stunde nach Mitternacht zur Ruhe, und bis dahin hatte er in dieser Nacht schon 4 oder 5 neue Nebelsterne entdeckt.

Das Thermometer zeigte im Garten 13° Fahrenheit [— 11°C – J. H.], dessen ohngeachtet beobachtete Herr Herschel die ganze Nacht hindurch, ausser dass er alle 3 oder 4 Stunden sich einige Minuten erholt und in dem erwehnten Zimmer auf- und abgeht. Seine Schwester ist so wie er für die Astronomie ungemein eingenommen und hat ziemliche Kenntnisse von den Berechnungen etc.

Schon seit verschiedenen Jahren versäumt Herr Herschel keine Stunde den Himmel zu beobachten, wenn die Witterung es erlaubt, und dieses allemal in freyer Luft ... Er sucht aber dabey sich durch Kleidungsstücke gegen die rauhe Witterung zu schützen, hat sich glücklicherweise einer recht dauerhaften Gesundheit zu erfreuen, und denkt in dieser Welt an nichts anderes als an himmlische Gegenstände. [3, für 1788, S. 162–164]

Es ist notwendig, an dieser Stelle etwas zum Funktionsprinzip der Herschelschen Teleskope zu sagen. Sein erstes Teleskop war nach dem sog. Gregory-System konstruiert. Hierbei wird das auf den Hauptspiegel fallende Licht auf einen zweiten Hohlspiegel geworfen, der den Strahl ins Okular lenkt, das hinter einer Bohrung im Hauptspiegel angebracht ist. Bald zog er jedoch das Newton-System vor. Hier fällt das Licht, nachdem es vom Hauptspiegel reflektiert wurde, auf einen an der Spitze angebrachten (ebenen) Planspiegel, der das Licht rechtwinklig aus dem Gerät hinaus in das seitlich befestigte Okular lenkt. Am Ende kam er jedoch auch von diesem System ab und verwendete sog. „front view"-Teleskope. Es ist anzunehmen, daß Herschel dieses System eigenständig entwickelte, obwohl es schon vor ihm Verwendung fand, ohne sich durchzusetzen. In gewisser Weise ähnelt es dem in Amateurkreisen gelegentlich noch verwendeten „Schiefspiegler".

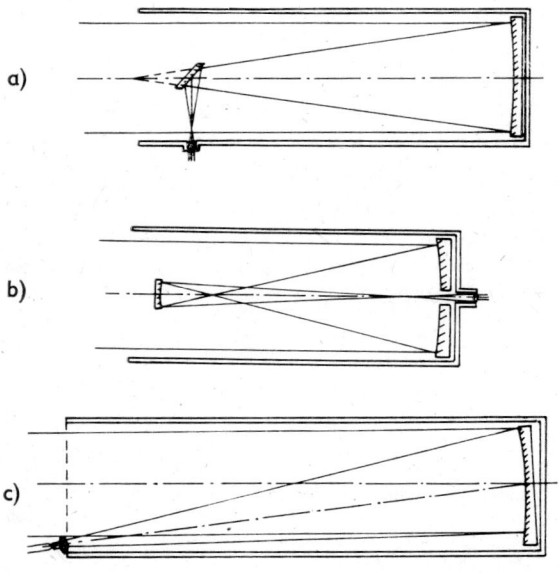

7 Strahlengang in den zu Herschels Zeit wichtigsten Teleskopsystemen: *a* Newtonspiegel, *b* Spiegel nach Gregory, *c* Front view-Spiegel nach Herschel

Beim „front view"-Teleskop wird der Hauptspiegel ein wenig schräg in den Tubus eingesetzt, so daß der reflektierte Lichtstrahl aus dem Gerät herausgelenkt wird und der Beobachter von schräg vorn in das Okular schaut. Dieses System hat gewichtige Nachteile, die sich hauptsächlich in einer leichten Verzerrung des Bildes, vor allem an den Rändern, äußert. Darüber hinaus entstehen rasch Luftunruhen, da sich der Kopf des Beobachters unmittelbar neben der Teleskopöffnung befindet. Von all diesen Problemen ließ sich Herschel nicht beeindrucken, denn er sah in erster Linie, daß im „front view"-Teleskop der Lichtstrahl nur einmal, nämlich am Hauptspiegel, reflektiert wird, während bei allen anderen Systemen eine weitere Reflexion hinzukommt, bei der jedesmal ein wenig Licht verloren geht; außerdem fällt hier der im Strahlengang befindliche Ablenkspiegel weg. So gaben ihm diese Fernrohre die lichtstärksten Bilder.

Auch Herschels Meister-Teleskop, der 40füßige Spiegel, war ein „front view"-Teleskop. Da es eine Meisterleistung der astronomischen Optik war und zu einigen Entdeckungen führte, soll hier näher darauf eingegangen werden. Durch die Herstellung von 7-, 10- und vor allem des 20-Fuß-Teleskopes war Herschel vom großen Nutzen lichtstarker Fernrohre überzeugt und strebte deshalb nach weiterer Durchmesservergrößerung, um noch tiefer ins Weltall vorzustoßen. Mit der Konstruktion eines 40füßigen Teleskops begann Herschel 1785. Durch Vermittlung von William Watson und dem Präsidenten der Royal Society gelang es, beim König einen Zuschuß von 2 000 Pfund zum Bau des großen Fernrohrs zu bekommen. Später erhielt er noch einmal eine solche Summe sowie einen jährlichen Betrag von 200 Pfund für die laufenden Betriebskosten des optischen Riesen.

Die Arbeiten am 40füßigen Fernrohr waren unvergleichlich anspruchsvoller als all die Fernrohrbauten zuvor. Herschel hatte alle Konstruktionsunterlagen selbst angefertigt. Das Rohr, das aus dünnem Eisenblech bestand, wurde von einem riesigen Holzgerüst getragen. Karoline Herschel beschreibt den Bau des Teleskopes:

Für die optischen und aus Messing gefertigten Theile wurde ein Arbeiter engagirt, und den ganzen Sommer über hatten zwei Schmiede damit zu thun, einzelne Stücke des vierzigfüßigen Telescops anzufertigen. Ein ganzer Trupp Arbeiter war damit beschäftigt, die eisernen Werkzeuge und Geräthe zum Schleifen des Spiegels herzustellen, der eine besondere Form empfangen sollte. Das Polieren und Schleifen durch Maschinen begann erst gegen Ende des Jahres 1788. Diese großen Gegenstände wurden in London gegossen und zwangen meinen Bruder zu häufigen Reisen dorthin. [21, S. 73]

Neben all diesen Arbeiten, daran sei erinnert, wurde die Beobachtung des Himmels nach wohldurchdachtem Plan nicht vernachlässigt. Es ist fast unglaublich, daß die Geschwister Herschel diesen Belastungen gewachsen waren.

Für einige Wochen blieb Karoline mit der Anleitung der Arbeiten allein, da Wilhelm und Alexander im Sommer 1786 eine Reise nach Deutschland unternahmen, um der Göttinger Gesellschaft der Wissenschaften im Auftrag Georgs III. ein 10füßiges Herschelteleskop als Geschenk zu überreichen. Karoline Herschel nutzte die Zeit nicht nur mit dem Putzen der Messingteile an den Fernrohren, dem Reinigen der Zimmer, der Vorbereitung künftiger Beobachtungen und dem Kopieren von Schriftstücken, sondern sie beobachtete auch den Himmel und – entdeckte ihren ersten Kometen. Im Beobachtungsjournal liest sich das so:

1. August. Ich habe heute einhundert Nebulae berechnet und diesen Abend erblickte ich ein Object, das sich, glaube ich, morgen Nacht als Komet erweisen wird. 2. August. 1 Uhr. Das Object ist ein Komet. [21, S. 81]

Alexander Aubert, langjähriger Freund der Herschels, gratulierte:

... ich wünsche Ihnen auf's Herzlichste Glück zu dieser Entdeckung. Ich freue mich mehr als ich Ihnen zu sagen vermag, daß Sie dieselbe gemacht haben und glaube zu sehen, wie Ihr herrlicher, gelehrter und liebenswürdiger Bruder bei der Nachricht eine Freudenthräne vergießt. Sie haben Ihren Namen unsterblich gemacht. [21, S. 86 f.]

Insgesamt gelangen Karoline zwischen 1786 und 1797 acht Kometenentdeckungen, darunter fünf Neuentdeckungen. Damit reiht sie sich würdig in die Gruppe der erfolgreichsten Kometenjäger ein.

Kehren wir zum Bau des 40füßigen Spiegels zurück. Trotz der großen Erfahrungen, die Herschel gesammelt hatte, bereitete der Bau des gewaltigen Gerätes beträchtliche Schwierigkeiten. Eine erste Spiegelscheibe war am 19. Februar 1787 fertiggestellt. Leider erwies sie sich als zu dünn, als daß ihr eine gute Form hätte gegeben werden können – man bedenke, daß Monate für den Schliff und die Politur erforderlich gewesen waren, und all dies von Hand! Der Versuch der Herstellung einer zweiten scheiterte am 26. Januar 1788, weil die Scheibe beim Abkühlen zerbrach. Ein dritter Spiegel konnte schon 20 Tage später gegossen werden und war am 24. Oktober für eine probeweise Beobachtung vorbereitet. Noch 10 Monate vergingen, bis das Resultat Herschels Wünschen entsprach. Für die Qualität des Gerätes spricht, daß schon bei der zweiten Beobachtung, am 28. August 1789, der sechste und am 17. September der siebente Saturnmond entdeckt werden konnte.

8 Herschels 40-Fuß-Teleskop

Das neue Teleskop wurde in Herschels Wohnsitz in Slough aufgestellt. Hierher war er am 3. April 1786 gezogen, weil weder das Grundstück in Datchet noch das in Clay-Hall für die vorhandenen Teleskope groß genug waren und schon gar nicht für das geplante Teleskop von 40 Fuß Länge ausreichten. In Slough lebte Herschel mehr als 3 $^1/_2$ Jahrzehnte, und es mag tatsächlich zutreffen, wenn Arago meinte, hier sei „der Ort der Welt, an dem die meisten Entdeckungen gemacht worden" sind

[1, S. 213]. Obwohl dieses Fernrohr ohne jeden Zweifel eine Meisterleistung der Optik und Mechanik darstellte und die anfänglichen Erfolge sehr ermutigend waren, erfüllte es am Ende die hochgespannten Erwartungen nicht. Zum einen war das häufig notwendige Nachpolieren sehr aufwendig, zum anderen funktionierte der Bewegungsmechanismus recht schwerfällig. Eine Hilfskraft mußte die Horizontalbewegung ausführen, während ein Assistent mit Sternkatalogen und anderen Hilfsmitteln in der kleinen Hütte saß. Zwischen Beobachter und Beobachtungsassistent bestand mittels einer Röhre eine Sprechverbindung.
Trotz aller Schwierigkeiten hatte Herschel den Fernrohrriesen während vieler Jahre im Gebrauch. Die letzte Beobachtung war im August 1815.
Schon zu Zeiten seiner astronomischen Verwendung war das Gerät fast ein Denkmal – kein Besucher von Slough soll eine Besichtigung versäumt haben, was Herschel oft Ungelegenheiten bereitete – 1840 wurde es zu einer tatsächlichen Gedenkstätte für seinen Schöpfer. Herschels Sohn John nahm das Rohr aus der langsam Schäden nehmenden Holzkonstruktion und brachte es in eine feste horizontale Lage. In einer „feierlichen Prozession" zog man im engeren Familienkreis durch das Rohr, und John Herschel deklamierte ein selbst verfaßtes feierliches Gedicht, das später von der Frau des Astronomen Johann Heinrich Mädler, Minna Mädler, ins Deutsche übersetzt wurde und in dem es heißt:

> Wir sitzen im alten Tubus gereiht,
> und Schatten umziehen uns vergangener Zeit.
> Sein Requiem singen wir schallend und klar,
> in dem uns verläßt und begrüßet ein Jahr.
> Fröhlich und lustbewegt singet, o singt,
> daß rasselnd der alte Tubus erklingt!
>
> Wohl fünfzig Jahr trotzt er der Stürme Gewalt,
> nicht beugte der Nord seine hehre Gestalt.
> Nun liegt er gesunken, wo hoch er einst stand,
> das suchende Auge zum Himmel gewandt.
>
> Hier wacht' unser Vater in eisiger Nacht,
> hier hat ihm vorweltlicher Lichtstrahl gelacht.
> Hier half ihm die Schwesterlieb' treulich und mild,
> sie zogen vereint durch das Sternengefild. [35, Sp. 323–326]

Eine kleine Anekdote aus der Zeit vor der Aufrichtung des Tubus' rankt sich um das Gerät:

Ehe noch die optischen Theile eingesetzt waren, machte sich mancher Besucher den Spaß, durch das Rohr zu gehen, unter ihnen König Georg III. und der Erzbischof von Canterbury. Letzterer, der hinter dem König ging, fand es schwierig, vorwärts zu kommen. Der König drehte sich um und reichte ihm die Hand, indem er sagte: „Kommen Sie Mylord Bischof, ich will Ihnen den Weg zum Himmel zeigen!" [21, S. 330]

Die Welt der Fixsterne
Doppelsterne: Ein Mißerfolg führt zu ihrer Entdeckung

Zu Herschels Zeit war man fast ausnahmslos der Meinung, daß alle Sterne von annähernd gleichem Durchmesser seien und dieselbe Strahlungsmenge aussenden (gleiche absolute Helligkeit). Daraus folgt, daß die tatsächlich beobachtete unterschiedliche Helligkeit der Sterne (scheinbare Helligkeit) ein Maß für die Entfernung der Sterne ist. Je heller ein Stern ist, desto näher muß er zu uns stehen und umgekehrt. Von diesem Gedanken ging Herschel bei seiner zweiten Himmelsdurchmusterung aus. Er suchte, wie schon geschildert, geeignete Sterne für die Parallaxenmessung. Als geeignet mußte er eng benachbarte, unterschiedlich helle Sterne empfinden, weil bei ihnen eine große Entfernungsdifferenz anzunehmen war.

Doppelsterne galten als rein perspektivische Erscheinungen, als zwei Sterne, die in Wirklichkeit in sehr unterschiedlichen Entfernungen von uns stehen und nur zufällig in unserer Sichtlinie benachbart sind. Es gab aber auch andere Auffassungen. Als erster hatte 1761 Johann Heinrich Lambert davon gesprochen, daß es Sterne gibt, die um einen gemeinsamen Schwerpunkt kreisen. Erwähnung verdient auch der englische Astronom John Michell, der sechs Jahre später sehr klar die Meinung vertrat,

> ... es sei äußerst wahrscheinlich, ja fast ganz gewiß, daß die doppelten, vielfachen Sterne, deren Bestandteile einander sehr nahe zu stehen scheinen, Systeme bilden, in denen die Sterne wirklich einander nahe und unter dem Einflusse irgend eines allgemeinen Gesetzes stehen. [1, S. 327]

Während Lamberts Idee auf einer geistreichen Intuition beruhte, stützte sich Michell auf astronomische Beobachtungsdaten. Er versuchte die Wahrscheinlichkeit zu berechnen, mit der zwei oder mehr Sterne bei rein zufälliger Verteilung eng benachbart am Himmel erscheinen.

Diesen Gedanken griff Bessel in seiner Lebensbeschreibung Herschels auf. Er bezog sich auf den Stern Castor in den Zwillingen, der aus zwei Komponenten der 2. und 4. Größenklasse (in heutiger Klassifikation der 2. und 3.) im Abstand von $1'',85$

(Bogensekunden) voneinander gebildet wird. Bessel merkt an, daß es am ganzen Himmel etwa 50 Sterne der 2. und rd. 400 der 4. Größe gibt, und schreibt:

Wenn man die Sterne der einen und der anderen Art als zufällig am ganzen Himmel vertheilt annimmt, so dass der Ort, wo einer von ihnen erscheint, in gar keiner nothwendigen Verbindung mit dem Orthe eines anderen ist, so wird man offenbar desto weniger Grund haben zu erwarten, dass der blosse Zufall einen in die nächste Nähe des anderen bringe, je kleiner die Zahl der vertheilten Sterne ... ist. Die Nähe der beiden Sterne des Castor ist aber so gross, ... dass man etwa 400 000 gegen 1 wetten kann, dass diese Nähe nicht durch die bloss zufällige Vertheilung der 50 und 400 Sterne hervorgebracht, dass sie also die Folge des wirklichen Zusammengehörens des Sternenpaares ist. [4, S. 471]

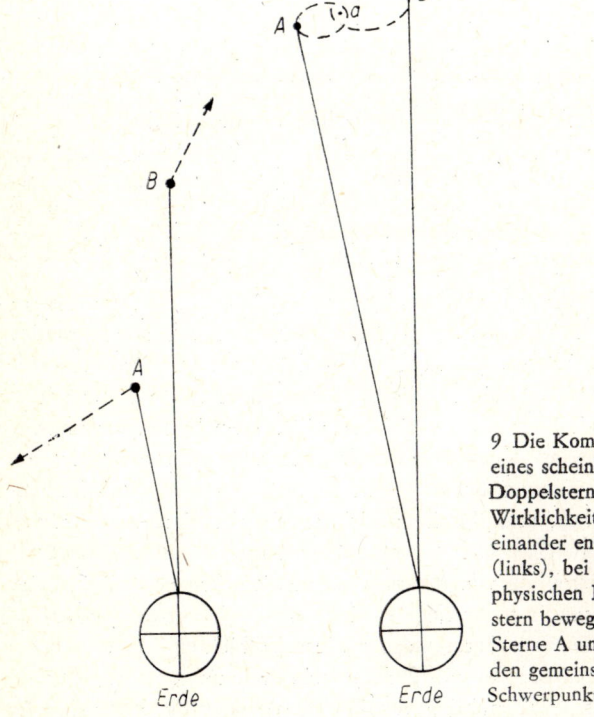

9 Die Komponenten eines scheinbaren Doppelsterns stehen in Wirklichkeit weit voneinander entfernt (links), bei einem physischen Doppelstern bewegen sich die Sterne A und B um den gemeinsamen Schwerpunkt a (rechts)

Michell gab die Wahrscheinlichkeit der Zusammengehörigkeit der sechs hellsten Plejadensterne (Siebengestirn) mit 5 000 000 : 1 an [28, S. 37].

Nach Michell, jedoch vor Herschel, hatte sich vor allem der Mannheimer Astronom Christian Mayer in zwei Arbeiten aus den Jahren 1778 und 1779 den Doppelsternen zugewendet, wurde aber verlacht und von ernsthaften Astronomen angegriffen. Mayer standen etwa 80 Sternenpaare für seine Überlegungen zur Verfügung [3, für 1784, S. 183]. Er erklärte die schwächeren Sterne für „Fixsterntrabanten", da sie den helleren in der Art eines Mondes (Trabant) umkreisen.

Ein interessantes Bild der Argumentationsweise entsteht, wenn man die Einwände des Astronomen Nikolaus Fuß gegen Mayer betrachtet. Zunächst differenziert Fuß zutreffend zwischen dunklen und selbstleuchtenden Fixsternbegleitern und schreibt dann über die Existenz letzterer:

Zuförderst also, wozu nützte diese Bewegung lichter Körper um ihres gleichen? Die Planeten sind derselben bedürftig, um sich in ihren Bahnen zu erhalten, um das Licht und die Wärme ... zu geniessen.

Für leuchtende Begleiter, also selbst Sterne, würde

ihre Nachbarschaft ... ohne Zweck und ihre Strahlen ohne Nutzen seyn, weil sie nicht Körper mit Licht zu versorgen brauchen ... Wenn der Hauptstern nur da ist, um einen Haufen Sonnen in ihren Laufbahnen zu erhalten, wozu brauchte er dann das Licht? wenn die Trabanten lichte Körper sind, was ist der Zweck ihrer Bewegung? [3, für 1785, S. 139 f.]

Hier wird die wissenschaftliche Erforschung der Doppelsterne durch die Frage ersetzt, ob denn überhaupt solche leuchtenden „Fixsterntrabanten" notwendig seien. Solch eine Argumentation führt natürlich völlig in die Irre, war aber zur Lösung naturwissenschaftlicher Fragen nicht nur in diesem Falle anerkannt.

Die allgemeine Ablehnung der Existenz von Sternen, die sich um einen gemeinsamen Schwerpunkt drehen, wiesen nur wenige Gelehrte zurück, und das kennzeichnet die Situation, als Herschel begann, sich diesem Problem zuzuwenden. Anfangs akzeptierte er die Vorstellung von der rein perspektivischen Erscheinung der Doppelsterne, ja mehr noch – dies war überhaupt der Ausgangsgedanke für sein Interesse an diesen Objekten, da er sie als geeignete Körper für die Parallaxenbestimmung suchte.

Sein erster, 1782 publizierter Doppelsternkatalog, der wie die Uranusentdeckung Resultat der zweiten Himmelsdurchmusterung war, umfaßte 269 Paare. Er hatte sie mit wesentlich besseren optischen Hilfsmitteln entdeckt, als sie Mayer oder Michell zur

Verfügung standen. Dieses Ergebnis ließ Herschel an der Ausgangsthese des rein zufälligen Zusammenstehens der Doppelsterne im Sinne des Besselschen Einwandes zweifeln. Er mußte einsehen, daß Doppelsterne nicht zur Parallaxenmessung geeignet sind.

Herschels Katalog verzeichnete neben der Helligkeit der Sternkomponenten deren Farben, den gegenseitigen Abstand, den Positionswinkel (Stellung der Komponenten zueinander) und das Entdeckungsdatum. Mit dieser Sorgfalt schuf Herschel sich die Möglichkeit zur späteren Prüfung einer eventuellen Bewegung der Doppelsternkomponenten umeinander. Doch zunächst war er mit seinen Schlüssen vorsichtig und meinte, es sei noch „viel zu früh, Theorien der Bewegung kleiner Sterne um große zu entwickeln". [29, S. 37] Einen zweiten Katalog publizierte er 1785 mit 434 Paaren und 1821 mit noch einmal 145 Objekten den dritten – die letzte Publikation Herschels überhaupt. So waren im Ergebnis seiner Arbeit etwa 850 Doppelsterne verzeichnet.

Mit Blick auf die Wahrscheinlichkeitsbetrachtungen von Michell und Bessel war mit diesem überwältigenden Material die Frage nach der physischen Zusammengehörigkeit der Mehrzahl der Doppelsterne klar entschieden. Übrigens hatte Michell die Forschungsergebnisse Herschels erfreut zur Kenntnis genommen und 1783 geschrieben, es sei

nicht unmöglich, daß eine Reihe von Jahren uns erweisen wird, daß viele der großen Zahl von Doppel- und Dreifachsternen usw., die von Mr. Herschel beobachtet wurden, Systeme von Körpern sind, in denen sich der eine um den anderen dreht. [29, S. 37]

Diese Erwartung sollte sich tatsächlich erfüllen. Eigentlich lag der Gedanke sogar sehr nahe: Wenn tatsächlich in Doppelsternen zwei Sterne in recht geringer Entfernung voneinander stehen, müssen sie sich umeinander bewegen, um die Stabilität ihres Systems zu erhalten, andernfalls wäre ihr Aufeinanderstürzen die unabänderliche Folge. Dies war auch Herschel klar, doch erst nach 25 Jahren, 1803 und 1804, konnte er der Royal Society zwei Arbeiten vortragen, in denen er mitteilte, „daß manche dieser Sterne nicht bloß scheinbar doppelt sich zeigen, sondern wirklich durch das allgemeine Band der Anziehung miteinander in Verbindung stehen". [3, für 1808, S. 154–178]

Bei 50 Paaren gelang es ihm, eine deutliche Bewegung der einen

Komponente um die andere festzustellen. Diese Doppelsterne hatten fortan als wirkliche Binärsysteme zu gelten. Von diesen 50 Paaren wiesen 28 eine etwas unsichere Positionsveränderung von weniger als 10° auf, 14 Paare jedoch von 10° ... 20°, 3 von 20° ... 30° und 6 von 30° ... 130°.

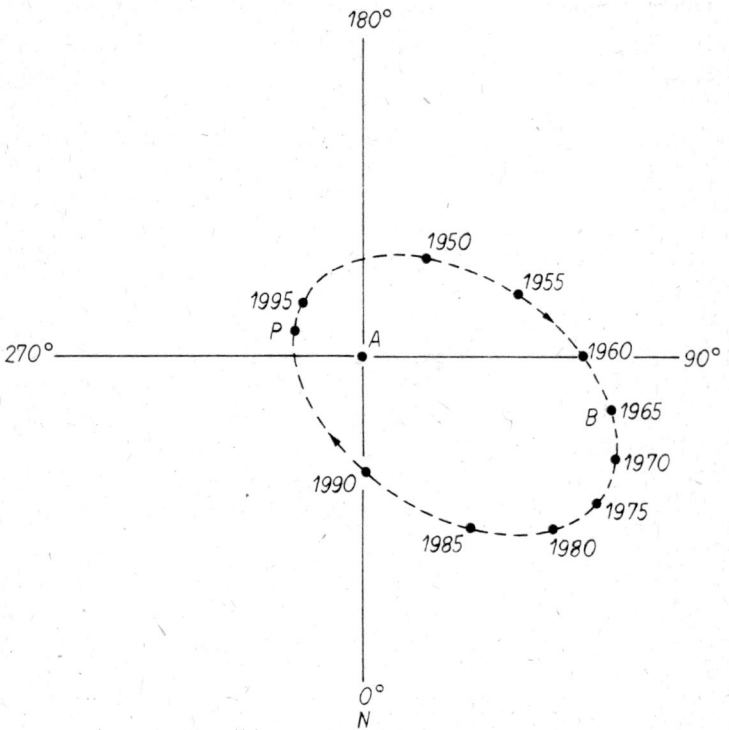

10 Bahn der schwächeren Komponente relativ zur helleren im Sirius-System. In der Darstellung wird Sirius A zum Bezugspunkt gewählt

Erwähnt sei auch, daß Herschel die Möglichkeit der gegenseitigen Bedeckung von Sternen in einem Doppel- oder Mehrfachsystem erkannte. Der prominenteste Vertreter dieser Art von Sternen, die wegen der gegenseitigen Abschattung zu veränderlichen Sternen werden, ist Algol im Sternbild Perseus. Hier wird das Licht der helleren Komponente in solchem Maße durch einen lichtschwachen Begleiter abgedeckt, daß der Lichtwechsel leicht ohne optische Hilfsmittel gesehen werden kann.

Nach 25jähriger Beobachtungstätigkeit hatte Herschel der astronomischen Forschung ein völlig neues Arbeitsgebiet erschlossen, das mit seinen Auswirkungen von großer Bedeutung war. Zunächst sei aber darauf verwiesen, daß man lange Zeit versäumte, eine Schlußfolgerung aus der Doppelsternforschung zu ziehen, offenbar, weil der ihr zugrunde liegende Gedanke selbst einem Herschel fern lag: die definitive Feststellung der unterschiedlichen absoluten Helligkeit der Sterne.

Herschels Doppelsternkataloge enthielten Sternpaare, deren Komponenten z. T. einen sehr großen Helligkeitsunterschied aufwiesen. Da im Ergebnis der Herschelschen Forschungen klar war, daß die beiden Komponenten in derselben Entfernung von uns stehen, hätte die Frage nach der Ursache so stark unterschiedlicher Helligkeit gestellt werden müssen. Doch weder Herschel noch einer seiner Fachkollegen nahm von diesem Umstand bewußt Notiz. Der Grund hierfür könnte darin liegen, daß Herschels gesamte Forschungen zur Aufklärung der Struktur unseres Sternsystems auf der Annahme gerade der gleichen absoluten Helligkeit beruht. Deshalb könnte es sein, daß diese zum Forschungsprinzip erhobene Annahme in seinem Denken allzufest verwurzelt war und den Blick für eine wichtige Entdeckung trübte.

Erste Hinweise auf die Existenz unterschiedlicher Sternhelligkeiten und Sternmassen fand 1838 Johann Heinrich Mädler bei seinen Doppelsternuntersuchungen. Er berechnete für den Doppelstern β Orionis (Orion) ein Massenverhältnis der beiden Komponenten von 1 : 4 912 und bei λ Geminorum (Zwillinge) sogar von 1 : 5 546. Außerdem stellte er fest, daß der Hauptstern um sieben Größenklassen heller als der Begleiter ist. Damit war aus Doppelsternmessungen die Existenz von Riesen- und Zwergsternen eigentlich erkannt, doch auch Mädler zog diesen definitiven Schluß nicht. [12, S. 27 f.] Erst um 1910 gelang Ejnar Hertzsprung und Henry Norris Russell unabhängig voneinander die Entdeckung der großen Durchmesser- und Temperaturdifferenzen der Sterne.

Die Arbeiten Wilhelm Herschels wurden zunächst von seinem Sohn John weitergeführt, der 1202 neue Paare unter Einbeziehung von Beobachtungen des südlichen Sternhimmels entdeckte. Auf 2 640 registrierte Systeme brachte es bald darauf der Direktor der Sternwarte in Pulkowo, Wilhelm Struve. Doch nicht nur hinsichtlich der Anzahl bekannter Doppelsternpaare sind Fortschritte zu verzeichnen. Fünf Jahre nach Herschels Tod konnte Felix Savari in Paris zeigen, daß die Bewegung der Doppelsterne umeinander ebenso den Gesetzen der Gravitation folgt wie die der Planeten um die Sonne oder des Mondes um die Erde. Er hatte die Aufgabe, die Bewegung des Begleiters in Doppelsternsystemen auf der Grundlage der Newtonschen Physik zu berechnen, erfolgreich gelöst. Zwar hatte auch Herschel schon von „gegenseitiger Anziehung" gesprochen, aber jetzt war erst bewiesen, daß die Gravitation auch in den Tiefen des Kosmos die Bewegung der Himmelskörper beherrscht.

Einen großartigen Erfolg für die Doppelsternforschung konnte Bessel verbuchen. Er hatte bei den Sternen Sirius und Procyon eine eigenartige, periodische Veränderlichkeit der Position festgestellt. Nach Prüfung verschiedener Interpretationsmöglichkeiten kam er zu dem Ergebnis, daß diese Veränderlichkeit nur von einem Körper herrühren könne, der die Sterne jeweils umläuft. Durch dessen Gravitationskraft werden die beobachteten Erscheinungen hervorgerufen. Bessel hatte recht. Zwar handelte es sich nicht, wie er glaubte, um dunkle, unsichtbare Körper, aber doch um Begleiter von Sirius und Procyon, womit sich beide Sterne als Doppelsterne erwiesen. Die vorausberechneten Komponenten wurden 1896 bzw. 1862 in neuen, lichtstarken Fernrohren nachgewiesen.

In etwas modifizierter Form findet die Besselsche Methode noch gegenwärtig ihre Anwendung bei der Suche nach fernen Planetensystemen. Wegen der geringen Helligkeit der Planeten, die nur das Licht ihres Zentralkörpers reflektieren, kann nicht mit einer direkten Beobachtung gerechnet werden. Doch auch die im Vergleich mit einem stellaren Begleiter wesentlich kleinere Masse eines Planeten übt auf den Stern eine Anziehungskraft aus, durch die eine geringfügige Unregelmäßigkeit in der Sternbewegung nachgewiesen werden kann – ähnlich der bei Sirius und Procyon beobachteten. In einem Falle war diese Suche in neuerer Zeit erfolgreich. Die mathematische Analyse der Bewegung von „Barnards Stern" (Sternbild Schlagenträger) durch Peter van de Kamp erwies die Existenz zweier planetarer Körper mit etwa der halben Jupitermasse und einer Umlaufzeit von 12 und 20 Jahren.

Die Doppelsternastronomie ist also durchaus ein aktuelles Gebiet der Forschung, auch wenn es im Gegensatz zu Herschels Zeit und zum 19. Jahrhundert nicht mehr im Vordergrund der Untersuchungen steht. Dennoch rücken einige Typen von Doppelsternen wieder verstärkt ins Blickfeld. Damit sind besonders enge Doppelsternpaare gemeint, deren Komponenten sich so nahe stehen, daß es zum Austausch gewaltiger Gasmassen von einem Stern zum anderen kommt und der Stern plötzlich hell am Himmel aufleuchtet. In diesen Systemen spielen sich interessante Entwicklungsprozesse ab.

Doppelsterne bieten wichtiges Material zur Sternentwicklung. Da wir bei beiden Komponenten sicher sein können, daß sie ein gleiches Alter haben, muß ihr unterschiedlicher Entwicklungszustand eine Folge unterschiedlicher Ausgangsbedingungen, besonders in der Masse, sein.

Herschels Doppelsternforschungen über fast 40 Jahre haben die Welt der Fixsterne erstmalig zu einem eigenständigen Forschungsfeld erhoben und der Astronomie die Wege über das Planetensystem hinaus gewiesen. Vorher waren die Fixsterne Bezugspunkte für die möglichst genaue Bestimmung der Planetenpositionen. Das wirkliche Interesse galt nicht den Sternen, sie waren nur Mittel zum Zweck. Das war bei Herschel nicht mehr der Fall. Die Frage, ob Sterne wirklich Zwei- oder Mehrkörpersysteme bilden oder stets als isolierte Einzelkörper im Raum angeordnet sind, war für ihn ein selbständiges Forschungsthema.

Für Herschel begann dieses Thema mit einem Irrtum, weil er die nur perspektivische Natur der Doppelsterne annahm, und einem Mißerfolg, da es nicht möglich war, an Doppelsternen Parallaxenmessungen durchzuführen. Am Ende aber stand die Entdeckung einer ganz neuen Klasse kosmischer Systeme.

Wohin treibt unser Sonnensystem?

In einer Arbeit aus dem Jahre 1781 macht Herschel die Anmerkung:

Bei manchen Sternen der ersten Größenklasse hat man eine Eigenbewegung festgestellt oder wenigstens vermutet. Daraus können wir schließen, daß unsere Sonne, mit all ihren Planeten und Kometen ebenfalls eine Bewegung auf einen gewissen Punkt am Himmel hat. [27, S. 19]

Das Problem der Bewegung der Sonne im Raum war nicht neu. Spätestens seit den Forschungen von Edmond Halley, der zu Unrecht meistens nur als Berechner der ersten Kometenbahn bekannt geworden, aber ein sehr vielseitiger „Astronomer Royal" war, mußten Zweifel an der fixierten Position der „Fix"-Sterne am Himmel aufkommen. Er hatte 1718 eine gegenüber ältesten Sternkatalogen von Hipparch und Ptolemäus deutliche Positionsveränderung bei Aldebaran, Sirius und Arktur festgestellt. Spätere Beobachter fügten weitere Sterne hinzu. Bernhard von Fontenelle schrieb 1738 über den Atair (Adler):

Es gibt einen Stern im Adler, der, wenn sonst Alles beim Alten bleibt, nach einer großen Anzahl von Jahrhunderten einen andern Stern, den er jetzt in seinem Osten hat, in seinem Westen haben wird. Alle Fixsterne sind eben so viele Sonnen, ... die sich um einen andern allgemeinen Centralpunkt bewegen können. Die Sonne selbst könnte sich auf diese Weise bewegen. [1, S. 316 f.]

Weitere Gelehrte äußerten sich ähnlich. Von ihnen sei Tobias Mayer erwähnt. Er stellte 1760 einen Katalog von 80 Sternen zusammen, bei denen er eine Eigenbewegung gefunden hatte, und kam auch auf das Problem der Sonnenbewegung zu sprechen. Für dessen Lösung gebrauchte er folgendes Bild: Ein Spaziergänger im Wald wird feststellen, daß die Bäume vor ihm langsam auseinanderzurücken scheinen, während sich hinter ihm ihr gegenseitiger Abstand scheinbar verkleinert. Auf die Sonnenbewegung übertragen resultiert daraus eine klare Beobachtungsaufgabe: Durch Feststellung einer möglichst großen Zahl von Positionsveränderungen der Sterne ist zu untersuchen, ob es eine Gegend am Himmel gibt, an der die dort befindlichen Sterne auseinanderzustreben scheinen, sowie umgekehrt eine Stelle, an der sie scheinbar zusammenrücken.

Das hört sich einleuchtend und einfach an. Doch die Positionsveränderungen der Sterne sind äußerst gering. Zum anderen stellen sich die Verhältnisse in der Sternenwelt wesentlich komplizierter dar als bei einem Waldspaziergang. Denn Bäume stehen still, während die Sterne völlig regellos orientierte eigene Bewegungen haben. Deshalb überlagert sich der Effekt der Positionsveränderung aus der Bewegung der Sonne mit dem der eigenen Bewegung der Sterne.

Dennoch gelang es Herschel, ein Resultat abzuleiten, das er 1783 der Royal Society unter dem Titel „Über die Eigenbewegung der Sonne, mit einem Bericht von den zahlreichen Veränderungen, die sich bei den Fixsternen seit der Zeit von Mr. Flamsteed ereignet haben" vorlegte. [44, S. 240 f.] Für Herschel war durch die Forschungen von Halley sowie durch eigene Doppelsternuntersuchungen klar, daß man im eigentlichen Sinne gar nicht von „Fix"-Sternen sprechen könne:

> Ich sage, scheint es nicht natürlich zu sein, daß diese Beobachtungen uns die wohlgegründete Vermutung geben, daß mit höchster Wahrscheinlichkeit jeder Stern am Himmel mehr oder weniger in Bewegung ist? [29, S. 44]

Und weil die Sonne ein ganz normaler Stern unter anderen ist, darf auch „die Bewegung unseres Sonnensystems keine reine Hypothese" sein [29, S. 44]. Das ist eine korrekte Überlegung, der nur noch hinzuzufügen wäre, daß schon aus Newtons Theorie der universellen Gravitation, deren Gültigkeit auch in fernen Himmelsräumen vorausgesetzt, zwangsweise die Bewegung der Sterne und mit ihr der Sonne folgen muß. Anders wäre der baldige Kollaps jeden Sternsystems wegen der gegenseitigen Anziehung der Sterne nicht aufzuhalten.

Für die Ableitung des Zielpunktes der Sonnenbewegung, dem sog. „Apex", nutzte Herschel ein von Joseph Jérome Lalande zusammengestelltes Material der Eigenbewegung von 12 Sternen aus dem Zeitraum von 50 Jahren, ergänzt durch die analogen Daten des Sterns Regulus von Maskelyne.

Herschel findet, daß die Bewegung der Sonne auf einen Punkt nahe dem Stern λ Herculis (Herkules) zielt. Über die Unsicherheit dieser erstmaligen Bestimmung ist er sich völlig im klaren und läßt es offen, ob nicht „künftige Beobachtungen bald mehr Licht auf diesen interessanten Gegenstand werfen" können [27, S. 25].

Neuere Arbeiten zu diesem Problem ließen lange auf sich warten. Herschels Resultat kam jedoch der Wirklichkeit bereits erstaunlich nahe, vor allem wenn man bedenkt, auf welch geringer Materialmenge seine Schlußfolgerungen fußen. In der Nähe der Herschelschen Daten hielten sich auch Bestimmungen anderer Astronomen, von denen besonders Friedrich August Wilhelm Argelander mit einer Arbeit aus dem Jahre 1837 mit Eigenbewegungen von 390 Sternen zu erwähnen ist. Argelanders Daten sind für die Geschichte dieses Problems von besonderer Wichtigkeit, da erst sie den Herschelschen Forschungen zur Anerkennung verhalfen. Zuvor waren z. B. weder Bessel noch John Herschel der Meinung, daß es einen Grund gäbe, der Richtung des Herkules einen Vorzug für die Sonnenbewegung einzuräumen.

11 Der Zielpunkt der Sonnenbewegung im Sternbild Herkules nach Herschel (✕) und nach heutiger Kenntnis (●), eingetragen in die Karte von Bodes „Uranographia"

Noch heute haftet der Berechnung des Zielpunktes der Sonnenbewegung einige Unsicherheit wegen der schwierigen Abtrennung des Anteils der eigenen Bewegung der Sterne an. Als ungefährer Ort gilt in guter Übereinstimmung mit Herschels Resultat 18 Stunden Rektaszension und $+ 38°$ Deklination.

Bereits Herschel hatte den Versuch unternommen, die Geschwindigkeit der Sonne im Raum abzuschätzen, kam aber zu keinem endgültigen Ergebnis. Dieser negative Ausgang darf ihm nicht angelastet werden, da sein Versuch mit den damaligen Mitteln nicht erfolgreich sein konnte. Erst in unserem Jahrhundert kam man unter Einsatz moderner astrophysikalischer Methoden zu der Erkenntnis, daß sich die Sonne mit allen Planeten, Monden, Kometen usw. mit der enormen Geschwindigkeit von etwa 20 km/s, das sind rd. 70 000 km/h, im Weltall bewegt. Aus ähnlichen Gründen mußte für Herschel die Klärung der Frage nach dem Zentrum der Sonnenbewegung erfolglos bleiben. Er sprach die Vermutung aus, daß es für die Art des Zentralkörpers zwei Möglichkeiten gibt:

Die eine wäre das Daseyn eines einzelnen Körpers von bedeutender Größe ... Ferner könnte man sich einen sehr kräftigen Mittelpunkt durch die vereinte Anziehung einer großen, in eine Gruppe vereinigter Sterne gedenken. [3, für 1811, S. 243]

Offenbar neigte er mehr der letzteren Vorstellung zu, denn er verweist in diesem Zusammenhang auf einige Nebelgebilde, deren Auflösung in tausende Sterne ihm gelungen war. Objekte dieser Art könnten grundsätzlich die Rolle eines Zentralkörpers spielen. Dennoch bleibt diese Frage am Ende offen.

Auch in dieser Beziehung gelang eine Klärung erst unter Einsatz astrophysikalischer Forschungen. Das Zentrum der Milchstraße konnte in Richtung des Sternbildes Schütze gefunden werden. Direkt beobachtbar ist es jedoch nicht, da es sich hinter dichten Dunkelwolken verbirgt. Seine physikalische Natur ist noch immer offen.

„Sterneichungen" klären die Struktur der Galaxis

Mit erstaunlichem Spürsinn wandte sich Herschel immer wieder Themen zu, für deren Bearbeitung er mit seinen zu dieser Zeit einmaligen Instrumenten die technischen Voraussetzungen besaß –

und mit seiner Begeisterung für die Astronomie und seiner außergewöhnlichen Energie die individuellen Fähigkeiten. Die meisten seiner Themenstellungen waren prinzipiell nicht neu, wie die Klärung der Natur der Doppelsterne oder der Bewegung der Sonne im All. Doch Herschel war der erste, der über theoretische Ansätze hinausgehend die beweiskräftige Lösung auf dem praktischen Wege der astronomischen Beobachtung suchte – und fand.

In geradezu ungeheuerliche Fernen wagte sich Herschel mit zwei Arbeiten, die 1784 und 1785 erschienen. Sein neues Vorhaben faßte er in den Begriff „Construction of the Heavens", den „Bau des Himmels". Darunter verstand Herschel zunächst die Untersuchung der Anordnung der Sterne im All, speziell die Struktur unseres Milchstraßensystems. Erst nach der Fertigstellung eines neuen 20füßigen Teleskops wagte er sich an diese Aufgabe heran. Es war wesentlich lichtstärker als das, mit dem er den Uranus entdeckt hatte, und ermöglichte es, weit lichtschwächere Sterne zu beobachten als bisher.

> Da ich das Teleskop auf einen Theil der Milchstraße richtete, fand ich, daß es den gesammten weißlichen Schein völlig in lauter kleine Sterne auflösete, welches zu bewirken mein voriges Teleskop aus Mangel an gnugsamem Lichte nicht vermochte. [25, S. 3 f.]

Der Sternreichtum in der Nähe des Orionnebels begeisterte ihn, und eine Rechnung ergab, daß in einer Stunde etwa 50 000 Sterne durch das Blickfeld gewandert waren.

Zu welch hoher Auflösung das Fernrohr fähig war, zeigte ihm ein Vergleich mit der Beschreibung von 103 Nebelflecken, die Charles Messier gegeben hatte. Es gelang ihm, viele Objekte in Sterne aufzulösen, bei denen Messier nur einen gleichmäßigen Schimmer wahrgenommen hatte.

Das Studium dieser aus Sternen, also fernen Sonnen, bestehenden Nebelflecke führte Herschel zur Betrachtung unserer Milchstraße. Er schreibt 1784:

> Es ist sehr wahrscheinlich, daß die große Sternschichte, Milchstraße genannt, diejenige sey, in welcher die Sonne sich befindet, obwohl vielleicht nicht in dem eigentlichen Mittelpunkt ihrer Dicke. Es läßt sich dieses aus der Gestalt der Milchstraße abnehmen, die den gesammten Himmel in dem größten Kreise zu umringen scheint, wie sie es allerdings thun muß, wenn die Sonne sich innerhalb derselben befindet. [25, S. 11]

Nach dieser Vorstellung würde das Milchstraßensystem ähnlich manchen Nebelflecken aufgebaut sein, die Herschel in seinem Teleskop gesehen hatte – ein elliptisches, stark abgeplattetes System.

In diesem Gedanken besaß Herschel drei berühmte Vorgänger, die sich jedoch im wesentlichen mit theoretischen Überlegungen begnügen mußten: es waren der englische Gelehrte Thomas Wright 1750, der deutsche Philosoph Immanuel Kant 1755 und Johann Heinrich Lambert 1761.

Der erste, der die Struktur unseres Milchstraßensystems als Thema astronomischer Forschung erkannte, war Thomas Wright. In seiner „Original Theory or new Hypothesis of the Universe" gelangte er in einer Mischung von astronomischen mit philosophischen und moraltheologischen Gedankengängen zur Vorstellung unseres Sternsystems als einer abgeflachten Scheibe, in deren Mittelpunkt sich ein supermassiver Körper befindet. Dieser gewährt mit seiner Gravitationskraft die Stabilität des Gebildes.

Immanuel Kant baute in seinem naturwissenschaftlichen Hauptwerk „Allgemeine Naturgeschichte und Theorie des Himmels" streng auf newtonscher Grundlage. Die Milchstraße sah er als ein System von Millionen Sternen an. Aus Gründen der Stabilität muß es eine Rotation um die eigene Achse ausführen. Nur durch die hieraus resultierende Fliehkraft kann ein Zusammenstürzen des Systems gegen den Mittelpunkt verhindert werden. Aus dieser Umlaufbewegung müsse eine abgeplattete Figur des Milchstraßensystems folgen. Dies, so schließt Kant, entspreche dem Anblick der Milchstraße am Himmel, an dem die Sterne sich nicht in „einer nach allen Seiten gleichgültigen Zerstreuung befinden, sondern sich auf eine gewisse Fläche vornehmlich beziehen", in der

es von Sternen wimmeln (wird), welche wegen der nicht zu unterscheidenden Kleinheit der hellen Punkte, die sich einzeln dem Auge entziehen, und durch ihre scheinbare Dichtigkeit einen einförmigen weißlichten Schimmer, mit einem Worte, eine Milchstraße darstellen. [33, S. 236 f.]

Wenn sich auch Wright und Kant, ebenso wie Lambert, auf astronomische Beobachtungen bezogen, vermochte doch erst Herschel die Theorie des Milchstraßensystems auf eine sichere empirische Basis zu stellen. Hierbei beschritt Herschel einen im Grundgedanken verblüffend einfachen, wenn auch in der praktischen

Realisierung sehr aufwendigen Weg. In einer Zone zwischen — 30° ... + 45° Deklination zählte Herschel in 3 400 ausgewählten Feldern die jeweils enthaltenen Sterne, wodurch er einen Schnitt durch die Milchstraße legte. Dieser verläuft durch die Sternbilder Eridanus, Hase, Einhorn, Bootes, Nördliche Krone, Herkules, Adler, Wassermann und Südlicher Fisch. Unter der Voraussetzung einer im Durchschnitt gleichförmigen Verteilung der Sterne in unserem Milchstraßensystem konnte er so die relativen Dimensionen unserer „Weltinsel" bestimmen. Je mehr Sterne im Gesichtsfeld des Teleskops auftauchten, um so weiter mußten hier die Grenzen unseres Systems entfernt sein und umgekehrt. Das Blickfeld des Fernrohrs umschloß einen Kegel, dessen Spitze im Fernrohr und dessen Grundfläche in den weitesten, gerade noch erfaßbaren Sternräumen liegt. Der Inhalt des Kegels ist der dritten Potenz der Höhe (hier der Entfernung) proportional. Bei doppelter Länge ergibt sich ein achtfaches, bei dreifacher ein 27faches Volumen usw. Unter der von Herschel gewählten Voraussetzung der annähernd gleichmäßigen Verteilung der Sterne im Raum wächst auch die Sternzahl mit der dritten Potenz der Entfernung. Herschel konnte deshalb die relative Entfernung der Grenzen unseres Sternsystems aus der Kubikwurzel der beobachteten Sternanzahl errechnen. Diese Methode bezeichnete er als „Sternaichen" („gaging the Heavens", „Star-Gage").

Bei seinen Zählungen fand Herschel eine sehr rasche Zunahme der Sternzahl bei Annäherung an die Milchstraße. Zur Illustrierung gibt er folgenden Auszug aus seinem Beobachtungsjournal (Durchschnitt aus jeweils 10 Feldern) [25, S. 15]:

Rektaszension		Nordpolardistanz	Rektaszension		Nordpolardistanz
Std.	Min.	78–80°, Sternzahl	Std.	Min.	92–94°, Sternzahl
11	6	3,1	15	10	9,4
12	31	3,4	15	22	10,6
12	44	4,6	15	47	10,6
12	49	3,9	16	8	12,1
13	5	3,8	16	25	13,6
14	30	3,6	16	37	18,6

Die komplette Tafel der Sterneichungen zeigt uns Himmelsregionen, in denen das tief in den Raum eindringende Herschelsche Teleskop in 10 aufeinanderfolgenden Gesichtsfeldern nur 0,5

Sterne im Durchschnitt erblickte, in anderen waren es bis zu 588! Und das bei einem Blickfeld mit nur 15 Bogenminuten im Durchmesser, etwa ¼ der Fläche des Vollmondes.

Für die Veranschaulichung seiner Resultate entwirft Herschel das Bild eines stark abgeplatteten Systems, das nichts anderes als die perspektivische Erscheinung der in einem elliptischen Sternsystem enthaltenen Sterne ist – betrachtet aus dem Innern dieses Systems selbst.

Noch einige Details seiner Methode seien erläutert. Von der Sonne aus sind in Gedanken Linien in verschiedene Richtungen gezogen, in die das Teleskop für die Eichungen gerichtet war. Auf diesen Linien werden Längen abgesteckt, die dem Verhältnis der Kubikwurzeln der Zahlen der in jedem Feld sichtbaren Sterne proportional sind. Aus den einzelnen entstehenden Punkten (in der Zeichnung durch größere Sterne markiert) resultieren die Umrißlinien unseres Sternsystems. Innerhalb dessen ist der Raum gleichförmig mit Sternen erfüllt, außerhalb ist er sternenleer.

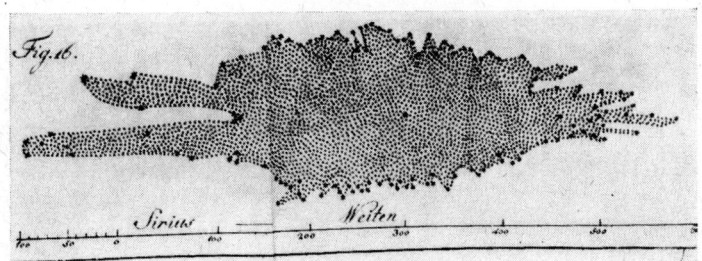

12 Umrißlinie unseres Milchstraßensystems nach Herschels „Sterneichungen". Den größer eingezeichneten Sternen liegen Herschels Zählungen zugrunde

Herschel vermerkt ausdrücklich, daß die hieraus entstehende Zentralstellung der Sonne nur eine Folge des Beobachtungsstandortes ist, denn es müßte

etwas ganz außerordentliches seyn, daß die Sonne, die eben ein solcher Fixstern ist, als jene, die den eingebildeten Ring ausmachen, sich gerade in dem Mittelpunkte einer solchen Menge von Himmelskörpern befinden sollte, ohne daß sich irgend ein Grund zu diesem sonderbaren Vorzuge absehen ließe. [25, S. 14]

Das elliptische Bild der Milchstraße läßt die starke Strukturiertheit – Arme und Einbuchtungen – erkennen, von denen die Zweiteilung auf der linken Seite der Abbildung schon mit bloßem Auge als Aufspaltung der Milchstraße im Bereich der Sternbilder Schwan und Adler leicht erkennbar ist. Mit der Bestimmung der Umrißlinien gab sich Herschel nicht zufrieden, sondern versuchte aus der Abschätzung der Helligkeit der Sterne eine Vorstellung von den Dimensionen der Galaxis zu gewinnen. Für die große Achse erhielt er 850, für die kleine 155 Siriusweiten (die Siriusweite war ein gängiges astronomisches Entfernungsmaß und entsprach etwa dem 40 000fachen Erdbahndurchmesser). Herschel war sich der Unsicherheit seiner Messungen bewußt,

denn da dieser Gegenstand ganz neu ist, so sehe ich das hier vorgetragene zum Theil nur als eine Probe an, den Geist der Methode ins Licht zu setzen. [25, S. 117]

Tatsächlich ist Herschels Milchstraßensystem viel zu klein. Nimmt man die Siriusentfernung mit 8,8 Lichtjahren (1 Lichtjahr ist die Strecke, die ein Lichtstrahl in einem Jahr zurücklegt $= 9{,}46 \cdot 10^{12}$ km), so sind die Achsen auf etwa $1/3$ verkleinert. Dem entgegen stimmt das Achsenverhältnis von 11 : 2 mit den heutigen Vorstellungen recht gut überein. Es ist hervorzuheben, daß es Herschel erstaunlich gut gelang, mit den zu seiner Zeit verfügbaren Forschungsmitteln die Gestalt unseres Milchstraßensystems zu erkunden. Die nicht streng gültigen Voraussetzungen der gleichförmigen Verteilung der Sterne und ihrer gleichen absoluten Helligkeit wirkten sich offenbar nicht allzu störend auf die Methode der Sterneichungen aus.

Nachdem die Arbeiten Herschels vor allem durch Sterneichungen in 3 000 Feldern des Südhimmels durch seinen Sohn weitergeführt worden waren, entstand eine recht lange Pause in der Erforschung der Struktur unserer Galaxis. Die Methode war so weit ausgeschöpft, daß es unmöglich war, auf dieser Basis weiterzukommen.

Ein wichtiger Fortschritt beruht jedoch wieder auf dem Grundprinzip der Sterneichungen: die Kapteynschen Eichfelder aus dem Jahre 1906. In 206 gleichmäßig am Himmel verteilten Feldern sollten, weit über Herschels Möglichkeiten hinausgehend, die Daten von Sternen bestimmt werden, wie Eigenbewegung, Entfernung, Spektralklasse, Radialgeschwindigkeit ... Damit war man z. B. in der Lage, die unterschiedlichen absoluten Helligkeiten der Sterne zu berücksichtigen. Während bei Herschel nahestehende schwächere Sterne als in großen Entfernungen stehend eingeordnet wurden sowie weiter entfernte helle umgekehrt in kleineren Entfernungen, konnte mit dem weltweit ausgeführten Plan von Jakob Cornelius Kapteyn eine exakte Dichtefunktion abgeleitet werden, d. h., es waren Aussagen darüber möglich, wieviele Sterne in einzelnen Raumbereichen unserer Galaxis zu finden sind.

Der entscheidende Durchbruch gelang dann mit Hilfe der Radioastronomie in den vergangenen Jahrzehnten. Herschels Grundmodell wurde bestätigt. Unser Milchstraßensystem ist ein stark elliptisches System aus etwa 250 Mill. Sternen mit einem Durchmesser von 150 000 Lichtjahren und einer maximalen Dicke von 15 000 Lichtjahren sowie mehreren Spiralarmen. Wie Herschel richtig vermutete, befindet sich die Sonne durchaus nicht im Zentrum, sondern etwa 30 000 Lichtjahre davon entfernt.

Kosmische Nebel und die Entwicklung der Himmelskörper

Unser Milchstraßensystem ist im Weltall keine einmalige Ansammlung von Sternen, sondern nur ein Vertreter der großen Gruppe gewaltiger Sternsysteme. Das war eine geradezu revolutionäre Feststellung, zu der Herschel aufgrund seiner Studien zur Struktur unserer Milchstraße und der Untersuchung von kosmischen „Nebelflecken" kam. Es ist verblüffend, zu welch umfangreichem Beobachtungsmaterial über dieses Problem Herschel bei seinen Durchmusterungen gelangte. Nachdem er schon die Doppelsterne katalogisierte, dann Sterne unserer Milchstraße zählte, kam nun die Registrierung der Nebelflecke. Der Fortschritt, den Herschel jedesmal erzielte, war fundamental. Diese Wertung trifft ohne Zweifel auch auf seine Kataloge von Nebelflecken und Sternhaufen zu, ja in Anbetracht der Folgerungen, für die er den Mut aufbrachte, sind sie in ihrer Bedeutung für die Astronomie an ganz vorderer Stelle zu nennen. Doch der Reihe nach:
Leicht aufgehellte Gebilde von nebliger oder sterniger Natur hatten die Astronomen schon lange vor Herschel gesehen. Die Plejaden („Siebengestirn") im Stier und der bekannte Orionnebel sind mit bloßem Auge gut zu sehen. Den matt schimmernden Fleck in der Andromeda sah bereits der arabische Gelehrte Abd ar-Rahman as-Sufi. Mit kleinen Fernrohren entdeckte man seit dem 17. Jahrhundert einige weitere Objekte. Charles Messier stellte sie von 1774 bis 1781 in einem Katalog zusammen und kam auf 103 Nummern. Es waren sowohl Sternhaufen, diffuse Gas- und Staubnebel, Planetarische Nebel – also Objekte unseres Milchstraßensystems – als auch ferne Galaxien. Natürlich lag eine solche Differenzierung damals nicht vor, und man nannte diese Objekte einfach „Nebelflecke" und Sternhaufen. Überhaupt, so wenig man von den Nebelflecken wußte, so wenig konnten die Astronomen mit ihnen anfangen. Sie waren kein selbständiger Gegenstand der Forschung. Der „Kometenjäger" Messier katalogisierte sie nur deshalb, weil sie rasch Anlaß zu Verwechslungen mit Kometen gaben. Wenn sein Verzeichnis half, dem vor-

zubeugen, sah er dessen Zweck erfüllt. Sein Forschungsobjekt waren also nicht die Nebelflecke, sondern die Kometen.

> Dear Sir,
>
> In answer to the favour of your last letter I have the honour to send you by my much esteemed Friend, Mr. Planta, a paper on the Construction of the Heavens; wherein you will find an account of some Planetary Nebulæ, which, I suppose, must be the remarkable phenomena you allude to.
>
> Mr. Edwards's method of grinding and polishing is very good for small Specula but my way of working large metals is very different. Formerly I have several times polished 30 hours without stopping, but now I have so far reduced the method to a certainty that I can leave off whenever I please and begin again any time afterwards.

13 Brief Herschels an den Schriftsteller und Naturwissenschaftler Georg Christoph Lichtenberg vom 18. Juli 1785 (Universitätsbibliothek Leipzig, Handschriftenabt.)

Messiers Katalog hatte Herschel angeregt, diesen Objekten mit seinem 20füßigen Teleskop nachzuspüren. Hierbei half ihm Karoline, die auf Zuruf ihres Bruders die Position, die Helligkeit und das Aussehen des Nebels oder Sternhaufens registrierte.

Herschels erster, 1786 veröffentlichter Katalog umfaßte 1 000 Objekte. Ihm folgten 1789 ein weiterer mit ebenfalls 1 000 und 1802 noch ein dritter mit 500 Nummern. Daran wird schon allein der zahlenmäßige Fortschritt gegenüber Messier deutlich. Herschel begnügte sich nicht mit dem reinen Katalogisieren, obwohl schon allein die Anzahl der neu entdeckten Nebelflecke und Sternhaufen ihm einen Platz in der Astronomiegeschichte gesichert hätte. Beobachtungen waren für Herschel nie Selbstzweck, sondern sollten zur Bildung von Theorien, ihrer Bestätigung oder Verwerfung dienen. Darüber schrieb er 1785 mit klarer Sicht auf die dialektische Wechselwirkung zwischen Theorie und Beobachtung:

Zuerst aber sey es mir erlaubt zu erinnern, daß, wenn wir irgend einigen Fortschritt in einer Nachforschung ... zu machen hoffen wollen, wir zwey entgegengesetzte Abwege zu vermeiden haben, von denen sich kaum sagen läßt, welcher der, gefährlichste sey. Hängen wir unserer phantastischen Einbildungskraft nach, und bauen Welten nach Belieben; so ist es kein Wunder, wenn wir vom Pfade der Wahrheit und der Natur weit abkommen ... Auf der andern Seite, wenn wir Beobachtung auf Beobachtung häufen, ohne allen Versuch, aus denselben nicht bloß gewisse Schlüsse, sondern auch muthmaßliche Vorstellungsarten zu ziehen; so verstoßen wir gegen den eigentlichen Endzweck, um dessentwillen allein Beobachtungen angestellt werden sollten. Ich will mich bemühen eine gehörige Mittelstraße zu halten; sollte ich aber von derselben abkommen; so wünschte ich wohl nicht in den letzten Fehler zu fallen. [25, S. 26]

Eine erste bleibende Erkenntnis Herschels auf dem Gebiet der Erforschung kosmischer Nebel und Sternhaufen besteht in der vermuteten Ähnlichkeit unseres Milchstraßensystems mit zahlreichen Nebelflecken, „die wohl nicht kleiner seyn können, sondern wahrscheinlich viel größer sind, als unser eigenes System" [25, S. 123]. In manchen erblickte er genau die elliptische Figur, die er mit seinen Sterneichungen für unsere Galaxis festgestellt hatte, so daß er berechtigt war, in seinem zweiten Katalog von Nebelflecken und Sternhaufen von 1786 zu schreiben:

Für die Bewohner der in dem folgenden Katalog beschriebenen Nebelflecke muß unser eigenes Sternsystem entweder als kleiner nebliger Fleck erscheinen oder als ausgedehnter milchiger Lichtstreifen, als großer aufgelöster Nebel, als stark zusammengedrängter Haufen schwacher, kaum unterscheidbarer Sterne oder als riesige Ansammlung großer verstreuter Sterne von verschiedener Helligkeit. Und alle diese Erscheinungen werden zutreffen, je nachdem, ob ihr eigener Standort mehr oder weniger weit von dem unseren entfernt liegt. [9, S. 202]

Drang Herschel schon mit seinen Doppelsternforschungen und der Untersuchung der Sonnenbewegung in weite Tiefen des Kosmos ein, so führte er mit der Untersuchung der Nebelflecke der erstaunten Mitwelt wahrhaft kosmische Dimensionen vor – in einer Zeit, in der man noch nicht einmal die genaue Entfernung der nächsten Sterne kannte. Er war sich nicht nur über die extragalaktische Natur zahlreicher Nebelflecke im klaren, sondern er kam auch hinsichtlich ihrer Entfernung zu durchaus richtigen Größenordnungen, wenn er den Abstand eines „von den entlegensten Gegenständen" auf 2 Mill. Lichtjahre ansetzte (die Entfernung des Andromedanebels beträgt rd. 2,2 Mill. Lichtjahre, die anderer Galaxien liegt im Bereich von einigen 100 Mill. bis Md. Lichtjahre).

Herschel ist wohl der erste Astronom, der auf die Konsequenz aufmerksam machte, daß man mit einem Fernrohr nicht nur räumlich weit entfernte Objekte sichtbar machen kann, sondern auch einen Blick in die Vergangenheit wirft. Denn wegen der Endlichkeit der Lichtgeschwindigkeit sind die Lichtstrahlen der entferntesten Nebel eine lange Zeit unterwegs, nach Herschels Schätzung bis zu 2 Mill. Jahre. Mit Notwendigkeit folgt daraus, „daß demnach seit so vielen Jahren dieser Gegenstand schon am gestirnten Himmel existirt haben muß, um die Strahlen auszusenden, die ihn uns jetzt sichtbar machen". [26, S. 195]

Diese Zahlenwerte sind nicht Produkt von Spekulation, sondern gehen aus einer Abschätzung der „raumdurchdringenden Kraft" des 40füßigen Teleskops hervor. Damit meinte Herschel den Vergleich der Größenklassen der Sterne, die einerseits mit dem bloßen Auge, andererseits mit dem 20- oder 40füßigen Teleskop gesehen werden können. Zwar geht er dabei wieder von der Annahme einer annähernd gleichen Helligkeit der Sterne aus, doch ermöglichte seine Schätzung einen ersten Vorstoß in große kosmische Dimensionen. Wie weit Herschel auch damit seiner Mitwelt gegenüber und für einige Zeit auch seiner Nachwelt voraus war, denen solch gewaltige Entfernungen trotz Herschels Arbeiten verschlossen blieb, mag folgende Episode deutlich machen. Als Bessel 1837/38 die Entfernungsmessung des Sterns 61 Cygni (Schwan) aus dessen Parallaxenmessung mit 11 Lichtjahren gelang, rief John Herschel in einer Laudatio auf Bessel aus:

So gross ist das Universum in dem wir leben, zu dessen Ermessung wir endlich die Mittel gefunden haben zum wenigsten bei einem seiner Körper, der uns wahrscheinlich näher ist, als alle übrigen. [22, S. 14]

Es ist schon richtig, daß Wilhelm Herschels Arbeiten zur Entfernung der Nebelflecke auf keinem so exakten Grund stehen wie die Messungen Bessels. Dennoch hatte Herschel das Denken der Menschen längst in viel größere kosmische Tiefen geführt.

Nicht nur größere Dimensionen des Kosmos bedeuteten diese Forschungen, sondern auch neue weltanschauliche Einsichten. 100 Jahre zuvor hatte sich noch manch Gelehrter gesträubt, anzuerkennen, daß der Mensch auf der Erde nicht den Mittelpunkt der Welt bildet; ein Widerstand, der im Gefolge der newtonschen Entdeckung der universellen Gravitation verschwand. Auch daß die Sonne ein Stern unter vielen Tausenden ist und keine besondere Stellung im Weltall einnimmt, war anerkannte Tatsache. Aber daß man die Anzahl der Sterne schon in unserer Milchstraße nicht nach Tausenden, sondern nach Herschels Beobachtungen mit gewaltigen Teleskopen zu Millionen zu zählen hat und es außerhalb unseres Systems weitere, unserem Milchstraßensystem analoge Sternansammlungen im Abstand von Millionen Lichtjahren gibt, das warf ein qualitativ völlig neues Licht auf die Struktur des Kosmos.

Erschien manchen das „vorherschelsche" Universum für den Menschen viel zu groß und leer, so „vereinsamte" es unter den ihm von Herschel gegebenen Dimensionen noch weiter. Der Mensch bewegt sich nicht nur auf einem Planeten unter anderen um die Sonne, die Sonne ist nicht nur ein Stern unter anderen – auch unser Milchstraßensystem ist nur eines unter vielen ähnlichen Weltinseln. Das ist nichts anderes, als die konsequente Weiterführung des copernicanischen Prinzips der Aufhebung einer Sonderstellung des Menschen im Kosmos. Herschel fand bei den Nebelflecken hinsichtlich „Lage und Gestalt sowohl als Beschaffenheit ... alle nur erdenkliche Mannigfaltigkeit" [25, S. 10] und suchte deshalb diese Objekte in Gruppen anzuordnen. Anfangs meinte er, man könne sie alle in Sterne auflösen, wenn nur genügend starke Fernrohre zur Verfügung ständen. Zu dieser Überzeugung gelangte er aufgrund seiner Erfahrung mit lichtstarken Teleskopen, mit denen er, in Abhängigkeit von ihrer Lichtstärke, immer häufiger in den Nebelflecken Sterne entdecken konnte.

Mithin sollten alle diese Objekte „teleskopische Milchstraßen" sein, wie er sie bezeichnete.
Am 13. Nov. 1790 gelang Herschel eine Beobachtung, die er so niederschrieb:

Ein höchst sonderbares Phänomen! Ein Stern ungefähr von der 8ten Größe, mit einer zarten Lichtatmosphäre von kreisrunder Gestalt, ungefähr 3 Minuten im Durchmesser. Der Stern ist vollkommen im Mittelpunkt, und die Atmosphäre ist verwaschen zart, und gleichförmig durchaus, so daß der Gedanke, sie bestände aus Sternen, nicht Statt finden kann; auch kann kein Zweifel seyn über die augenscheinliche Verbindung zwischen der Atmosphäre und dem Stern. [26, S. 164]

Warum maß Herschel dem eine solche Bedeutung bei? Über die Verbindung zwischen Nebel und Stern urteilte er schon 1791, daß er mehrere ähnliche Objekte beobachtet habe, ihnen allerdings keine große Aufmerksamkeit widmete. Da aber nun der Stern fast stets im Zentrum liege, so sei an ein zufälliges Zusammenstehen nicht zu denken, weil dann andere Stellungen des Sterns im Nebel viel häufiger sein müßten. Auf diesem Wege hatte Herschel eine völlig neue Daseinsform kosmischen Stoffes entdeckt. Bis dahin kannte man nur selbstleuchtende Sterne und feste Planeten. Nun war ein frei existierender, lichtaussendender Stoff, ein feinverteiltes „leuchtendes Fluidum" hinzugetreten.
Freimütig korrigierte Herschel seine nun als falsch erwiesene Ansicht, alle Nebelflecke ließen sich in Sterne auflösen, und nahm ohne Bedauern von ihr Abschied, zumal der Weg für sehr weitreichende Schlüsse geebnet war. „Aber was für ein Feld von neuen Ansichten öffnet sich unsern Begriffen!" – begeisterte sich der Entdecker. [26, S. 165] Damit zielte Herschel vor allem auf eine Entwicklungstheorie kosmischer Körper, die mit der Entdeckung freier Lichtnebel (z. B. des Orionnebels) eine wichtige Ergänzung und ihren grundsätzlichen Abschluß fand.
Bis 1791 hatte sich Herschels Theorie der kosmischen Entwicklung auf die Bildung von Sternhaufen beschränkt. Den Ausgangspunkt stellten, wie er 1785 erstmals dargelegt hatte, einzelne Sterne dar, die durch gegenseitige Anziehung

mit der Zeit sich gleichsam um einen Mittelpunkt zusammendrängen, oder mit andern Worten, sich zu einem Sternhaufen bilden, dessen Gestalt, nach Verschiedenheit der Größe und des ursprünglichen Abstandes der ringsumher befindlichen Sterne, mehr oder minder, vollkommen kugelförmig seyn wird. [25, S. 27 f.][3]

Diese erste Entwicklungskonzeption Herschels setzte jedoch mit schon fertigen Sternen ein und schloß deren Entstehung nicht ein. Mit der Entdeckung des freien Lichtnebels kam Herschel hier ein beträchtliches Stück voran und konnte 1802 eine geschlossene Entwicklungslinie kosmischer Körper vorlegen. Bevor diese näher behandelt wird, ist ein grundsätzlicher methodischer Schritt Herschels zu erläutern.

Kosmische Entwicklungsprozesse gehen außerordentlich langsam vor sich. Ausgenommen einige explosive Phasen der Sternentwicklung (z. B. Supernovae, wie 1054, 1572, 1604) laufen sie in Zeiten ab, die nach Millionen und Milliarden Jahren zu bemessen sind. Deshalb ist es unmöglich, den Entwicklungsweg eines Sterns durch direkte Beobachtung zu verfolgen. Herschel hatte das erkannt und verfiel auf ein methodisches Konzept, das er 1789 mit einer Anlehnung an das Wachstum einer Pflanze vorstellt:

> Denn um das Gleichniß fortzusetzen, das ich aus dem Pflanzenreich geborgt habe, ist es nicht beynahe einerley, ob wir fortleben um nach und nach, das Aussprossen, Blühen, Belauben, Fruchttragen, Verwelken, Verdorren und Verwesen einer Pflanze anzusehen, oder ob eine große Anzahl von Exemplaren, die aus jedem Zustande, den die Pflanze durchgeht, erlesen, auf einmahl uns vor Augen gebracht werden. [25, S. 160]

Im Ergebnis seiner Himmelsdurchmusterungen hatte Herschel umfangreiches Material zusammengebracht. Unter den 2 500 Nebelflecken fanden sich sehr unterschiedliche Typen: diffuse, gestaltlose Nebel, runde Nebel ohne zentrale Verdichtung, solche mit deutlicher Helligkeitszunahme im Zentrum oder gar mit Zentralstern, Doppel- und Mehrfachsterne, gestaltlose und kugelförmige Sternhaufen sowie andere Sternsysteme. Die Frage war: Sollten diese Objektgruppen voneinander unabhängige Typen darstellen oder sind sie in eine einheitliche Entwicklungsreihe einzuordnen? Herschels Standpunkt zu dieser Frage war klar: Nie-

---

[3] In diesem Zusammenhang muß auf einen merkwürdigen Widerspruch aufmerksam gemacht werden. Während Herschel stets, mehrfach direkt ausgesprochen, von einer gleichen oder wenigstens annähernd gleichen absoluten Helligkeit und Masse der Sterne ausgeht, nimmt er in der hier zitierten Arbeit von 1785 eine sehr unterschiedliche Masse einiger Sterne an, die, weil „beträchtlich größer" als andere [25, S. 27], in der Umgebung ein Gravitationszentrum zur Bildung von Sternhaufen darstellen.

mand komme auf die Idee, in den Keimlingen, wachsenden, blühenden und verdorrenden Exemplaren einer Pflanzengattung unterschiedliche, voneinander unabhängige Arten zu sehen – weil man den Übergang zwischen den einzelnen Stadien beobachten kann. Obwohl diese Übergänge bei den kosmischen Körpern nicht direkt beobachtbar sind, so argumentiert Herschel, dürfe man doch nicht anders als bei Betrachtung des Pflanzenreichs verfahren. Also stellen die aufgezählten Typen von Himmelskörpern Durchgangsstadien eines einheitlichen Entwicklungsprozesses dar.

Das war eine kühne Schlußfolgerung. Wie stellte sich Herschel den Entwicklungsweg eines Sterns vor? Im Jahre 1802 führte er aus seinem Beobachtungsmaterial 12 Entwicklungsstadien der Herausbildung kosmischer Körper vor. An den Anfang dieser Reihe setzt er den freien, selbstleuchtenden Lichtnebel. Infolge fortschreitender Verdichtung bildet sich eine zentrale Konzentration, die bald als sternförmiger Kern sichtbar wird. Es entsteht ein sog. Planetarischer Nebel mit Zentralstern, der weitere Nebelmassen auf sich zieht und bald als rein leuchtender Einzelstern erscheint; soweit die erste Entwicklungsphase. Durch die gegenseitige Anziehung zweier benachbarter Sterne bildet sich zunächst ein Doppelsternpaar, dann ein Zwei- und Mehrfachsystem.

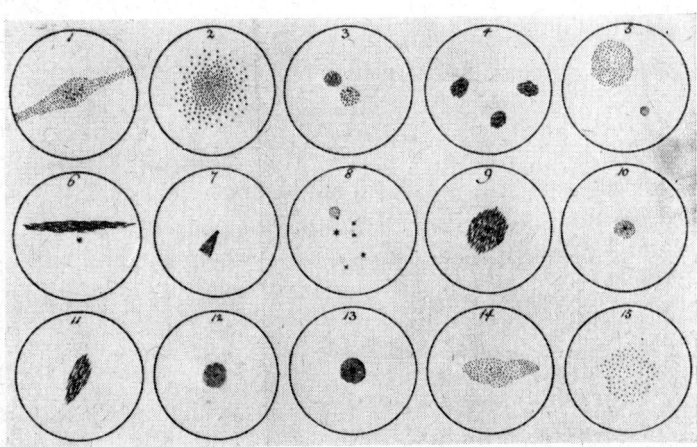

14 Formen kosmischer Nebelflecke und Sternhaufen, die Herschel zur Aufstellung seiner Theorie der Entwicklung kosmischer Körper anregten

Der weitere Zuwachs an Sternen in diesem System führt zu „den ungeheuren Sammlungen kleiner Sterne" [26, S. 191], wie sie unser Milchstraßensystem bilden.

Das Wirken einer Zentralkraft, die Herschel sich im wesentlichen als Gravitation denkt, wobei er das Vorhandensein weiterer Kräfte (wie Elektrizität und Magnetismus) offenläßt, muß ein weiteres Zusammenziehen der Sterne in den Ansammlungen bewirken. Hieraus zieht Herschel den bemerkenswerten Schluß, daß auch unser Milchstraßensystem nicht von ewiger Dauer sein kann. Ursprünglich bestand es aus „gleichförmig zerstreuten Sternen", welche durch die „haufenbildende Kraft" bereits an zahlreichen Stellen zu Sterngruppen konzentriert sind. Unaufhörlich verändere sich die Anordnung der Sterne im Raum.

Der Zustand, in welchen die unaufhörliche, wirkende, haufenbildende Kraft sie bis jetzt gebracht hat, ist eine Art von Chronometer, den man brauchen kann, um die Zeit ihres vergangenen und zukünftigen Daseyns zu messen; und ob wir gleich den Gang dieses geheimnißvollen Chronometers nicht kennen, so ist dennoch gewiß, daß, eben so wie das Aufbrechen der Milchstraße in einzelne Theile uns einen Beweis giebt, daß sie nicht ewig dauern kann, auf gleiche Weise es uns Zeugnis giebt, daß ihre Vergangenheit nicht unendlich angenommen werden kann. [26, S. 303 f.]

Dies schrieb er 1814, doch entstand der Grundgedanke der Auflösung der Milchstraße bereits 1785.

Unsere Milchstraße müsse noch zu den jüngeren Sternsystemen gerechnet werden, weil sich lediglich erste Anzeichen der teilweisen Verdichtung der Sterne abzeichnen. Am Himmel lassen sich jedoch zahlreiche Systeme finden, die bereits eine weitgehende Kugelform mit „ziemlich plötzlicher Anhäufung" der Sterne „gegen das Zentrum" [26, S. 193] aufweisen. Den grundsätzlichen Gedanken dieser kosmischen Entwicklungstheorie hat Herschel in einer mit dem 1. Jan. 1786 unterzeichneten Arbeit dargestellt; 1791 und 1802 führte er die freien Nebelmassen und damit die ersten Stadien der Sternentstehung ein, während er in späteren Arbeiten bis 1814 einige Details näher ausführt, ohne diesem Gedankengebäude wesentliche Neuerungen hinzuzufügen.

Diese Arbeiten Herschels waren von kaum zu überschätzender Bedeutung! Wieder hatte er der Wissenschaft ein Gebiet erschlossen, mit dem er völliges Neuland in der Forschung betrat. Nur einen theoretischen Vorläufer hatte er: wieder Immanuel

Kant. 1755 leitete Kant, insbesondere aus der Grundstruktur des Planetensystems sowie unter Beachtung der wenigen Kenntnisse von den Nebelsternen eine Entwicklungstheorie kosmischer Körper ab, die auf dem Grundprinzip der gravitativen Verdichtung einer in den „elementarischen Grundstoff" aufgelösten Ursubstanz beruht.

Was Kant, zwar nicht ohne Beachtung astronomischer Tatsachen, aber doch weitgehend intuitiv erfaßte, brachte Herschel auf den Stand nachprüfbarer Fakten.

Wann Herschel von der Kantschen Arbeit Kenntnis erhielt und welche Rolle diese für seine Forschungen spielte, ist bis heute nicht geklärt. Er muß sie auf jeden Fall 1791 gekannt haben, da in diesem Jahr ein Auszug aus Kants Arbeit im Anhang zu den drei ersten Abhandlungen Herschels zum „Bau des Himmels" erschien [16].

Herschels Forschungsergebnisse über den Bau des Himmels beeinflußten das gesamte Weltbild und Denken dieser Zeit. Nicht etwas ewig Existierendes sollte die Welt sein, ohne Geschichte, ohne natürliche Entstehung. Nun hieß es: Die Sterne waren einmal aus einem Urstoff, dem freien Lichtnebel, entstanden – also auch die Sonne – also auch die Erde! Auf einen Schlag stellte sich die ganze Welt als etwas Gewordenes dar, und die revolutionierenden Dimensionen eröffnen sich, wenn die obige Entwicklungsreihe fortgeführt würde. Wenn die Erde eine Geschichte hat, muß auch der Mensch als biologisches Wesen eine haben, dann ist auch die gesellschaftliche Verfassung des Menschen nicht von ewiger Dauer. Das waren Gedanken, die im gesellschaftlich fortschrittlichen England möglich waren, wo die Ausbildung kapitalistischer Sozialstrukturen bereits zu leistungsfähigen Wirtschaftszentren geführt hatte, wo die Frage technischer und gesellschaftlicher Neuerungen immer neu auf der Tagesordnung stand.

Nun ist die Frage, ob Herschel diese gesellschaftlichen Prozesse überhaupt aufnahm oder ob er in seinem Denken nur in kosmischen Regionen, fernab irdischer Realitäten schwebte. Von Jugend an liebte Herschel philosophische Dispute. Seine Vorliebe für Locke belegt dies aus früher Zeit. Zu beachten sind seine häufigen Einstreuungen in den Abhandlungen zu philosophischen Themen, z. B. seine zitierte Stellungnahme zum Verhältnis zwischen Theorie und Beobachtung oder der Rückgriff auf biologische Forschungsprinzipien zur methodischen Bewältigung der kosmischen Evolution. Ein weiterer Anhaltspunkt: Herschel war durchaus ein kontaktfreudiger Mensch, liebte auch Geselligkeit. Nicht nur während seiner Tätigkeit als Musiklehrer, sondern auch später bewegte er sich in sehr unterschiedlichen gesellschaftlichen Kreisen – von den Arbeitern und Handwerkern im eigenen Haus bis zur königlichen Familie. Auf einer Reise durch Frankreich im Jahre 1802, in deren Verlauf er auch eine Audienz bei Napoleon hatte, hielt er Eindrücke aus Wissenschaft, Politik und dem öffentlichen Leben mit Interesse fest. Außerdem faszinierten ihn technische Probleme aufs höchste, weit über den Rahmen des Fernrohrbaus hinaus. Als Herschel 1792 nach Glasgow reiste, verband er damit eine Erholungsreise, die ihn auch nach Birmingham und Coventry führte. Dort besichtigte er Industrieanlagen und traf mit James Watt zusammen, der ihn durch seine Dampfmaschinenfabrik in Soho führte. Wie sehr Herschel das dort Gesehene interessierte, geht aus seinem Reisetagebuch hervor. Übrigens muß er mit Watt in näherem Kontakt gestanden haben, da er 1793 als Zeuge für Watt in einem Prozeß, den dieser führte, auftrat.

Aus all dem geht hervor, daß Herschel durchaus kein einseitiger Gelehrter war, sondern daß er, sobald sich die Gelegenheit bot, an Problemen und Entwicklungen seiner Zeit Anteil nahm. Leider läßt sich Herschels Haltung zu seiner Zeit bis heute wenig konkretisieren, da der größte Teil seines Nachlasses nicht publiziert oder wissenschaftlich aufgearbeitet ist.

Doch zurück zu Herschels astronomischer Entwicklungstheorie. Schon oft hatte Herschel mit seiner Forschung neue Wege beschritten, aber diesmal war der Bruch mit überliefertem und bis dahin bewährtem Denken so extrem, daß kaum ein Fachkollege seinen Erkenntnissen zu folgen vermochte. Stand man bewundernd vor seinen Arbeiten zur Stellarstatistik, der Aufklärung der Struktur der Milchstraße, ließ man sich bald von der Realität der Doppelsterne überzeugen, lobte man Herschel wegen der 2 500 entdeckten Nebelflecke und Sternhaufen, ganz abgesehen von der Uranusentdeckung, die ihn in aller Welt bekannt gemacht hatte – so blieb man seiner Entwicklungstheorie gegenüber ohne Verständnis. Bessel, frei von jeglicher Eifersucht auf

Entdeckungen seiner Kollegen, bemerkte 1843 skeptisch über Herschel:

> Es ist übrigens nur zu erwarten, dass die ferne Welt der Nebelgebilde, welche sich selbst dem verstärktesten Sehen in unverständlicher Verkleinerung zeigt, in welcher sogar in Zahlen angegebenes Maass alle Anschaulichkeit verlieren würde, dass diese Welt weiten Spielraum der Erklärung übrig lässt.

Er schließt mit den kritischen Worten, nicht „dass Gedanken sich kühn bewegen, sondern dass sie sich mässigen, ist des Preises wert". [4, S. 474] Wilhelm Olbers griff die Herschelsche Methode des Schlusses vom räumlichen Nebeneinander der unterschiedlichen Formen kosmischer Objekte auf deren zeitliches Nacheinander in einer einheitlichen Entwicklungsreihe an:

> Aber ist denn diese Idee auch gegründet oder erwiesen? Nein, keineswegs. Wenn wir Herscheln auch alles zugeben, so folgt aus seinen Beobachtungen an sich weiter nichts, als es gibt Nebelsterne, es gibt Fixsternsysteme worinn die Sonnen unter sich viel näher beyeinander stehn als in anderen. Weiter hat er nichts beobachtet, alles übrige ist nur Schluß, und wie ich glaube, etwas übereilter, gewagter Schluß aus seinen Beobachtungen. Eben die Abwechselung, die auch die Natur hier im kleinen auf unserer Erde zu lieben scheint, wird auch im großen am Himmel herrschen, und wir dürfen uns also nicht wundern wenn nicht alle Fixsternsysteme nach einem Modell, nach einem Maasstab gebildet scheinen. Was übrigens Hr. Herschel zur Bestätigung seiner Meinung ... anführt, ... zeigt vielleicht nur, daß dieser in anderer Absicht so große und verdiente Mann mit den theoretischen Theilen der Sternkunde weniger vertraut sei. [37, S. 17]

Allzu neu waren Herschels Gedanken, allzu sehr war man daran gewöhnt, die Himmelskörper als unveränderlich anzusehen, ohne Geschichte. Und war man nicht auch berechtigt, dies zu tun? Hatte denn jemals ein Astronom Veränderungen an den Sternen oder den Planeten wahrgenommen? Gerade dies war das Problem. So hatte sich das Denkmodell einer geschichtslosen Betrachtung der Himmelskörper durchaus bewährt. Mit Herschels Forschungen, vorbereitet durch Immanuel Kant, wurde es zum ersten Mal in Frage gestellt, bekamen die Sterne und mit ihnen Sonne und Planeten, bekam die Erde mit allem, was auf ihr existiert, eine natürliche Geschichte.

Übrigens traten auch religiöse Eiferer auf den Plan, die angesichts naturwissenschaftlicher Forschungen um eine von ihnen verfolgte göttliche Weltbildungslehre bangten. Gegen die astronomische Entwicklungstheorie schrieb man noch 1892:

Aber sofort greift diese Theorie herüber in das Gebiet der Religion, der christlichen nicht bloß, sondern jeder positiven Religion überhaupt; ihre Bedeutung, ihr Zweck und Ziel, ihre Wirkung und Bewertung ist keine andre als die, die Entstehung der Welt natürlich zu erklären, eine Schöpfung durch Gott als überflüssig und tatsächlich nicht geschehen nachzuweisen, mit einem Wort, den ganzen 1. Glaubensartikel umzustoßen. [8, S. 672]

Auch auf dem Gebiet der kosmischen Entwicklungstheorie tritt uns der schon mehrfach in ähnlicher Weise konstatierte Fall entgegen: Herschel fand lange Zeit keine Fortsetzer, weil er die zu seiner Zeit gegebenen Möglichkeiten voll ausgeschöpft hatte, seiner Zeit weit vorauseilte. Lediglich Pierre Simon Laplace gab ab 1796 eine Theorie der Planetenentstehung aus von der Sonne abgelöster Materie. Erst nach 1850 griff man die Erkenntnis der Geschichtlichkeit der Himmelskörper wieder auf, nachdem infolge der Entdeckung des Energieerhaltungssatzes deutlich wurde, daß z. B. die Sonne wegen der Abstrahlung von Energie nicht ewig existieren könne. Weitere 20 Jahre später vermochten Karl Friedrich Zöllner in Leipzig und Hermann Carl Vogel in Potsdam unter Einsatz der Spektroskopie und anderer astrophysikalischer Forschungsmethoden eine Entwicklungsreihe der Sterne anzugeben.

Die als „Herschel-Prinzip" bezeichnete Methode des Schlusses vom Nebeneinander auf ein entwicklungsbedingtes Nacheinander bewährt sich bis heute. Herschel hatte recht, als er von einer Entstehung der Sterne aus Verdichtung diffus verteilter Gas- und Staubmassen (in heutiger Terminologie) unter Einfluß der eigenen Gravitation sprach. Dabei spielen sich jedoch sehr komplexe und komplizierte Prozesse ab, die z. T. erst mit Hilfe der modernen Elementarteilchenphysik zu beschreiben sind.

Überblickt man das wissenschaftliche Werk Herschels bis zu diesem Punkt, so läßt sich feststellen, daß die Jahre von 1781 bis 1786 in vieler Hinsicht die produktivsten seines Lebens waren. In dieser Zeit stellte sich Herschel alle grundsätzlichen Forschungsaufgaben und leitete die prinzipiellen Lösungen her. Spätere Jahre brachten auf dieser Basis zahlreiche, in ihrer Bedeutung hervorragende Ausweitungen, Korrekturen und neue Aspekte – aber die Grundlagen wurden nicht angetastet. Zu nennen sind die Doppelsterne, als Forschungsthema erstmals 1781 erwähnt, die Bewegung der Sonne im Raum seit 1783, die Struktur der Milchstraße seit 1784, die Theorie der Entwicklung kosmischer Körper seit 1785 und die Katalogisierung der Nebelflecke seit 1786; natürlich nicht zu vergessen 1781 die Uranusentdeckung. Erwähnt werden muß auch die Herstellung zweier 20-Fuß-Reflektoren, die beiden Hauptinstrumente für die meisten Beobachtungen, und der Baubeginn am 40-Fuß-Teleskop im Jahre 1786.

Auch die fast unübersehbare Zahl hoher Ehrungen begann in diesen Jahren. 1781 erhielt er die schon erwähnte Copley-Medaille der Royal Society, zu deren Mitglied er im selben Jahr gewählt wurde, 1786 ernannte man ihn zum Mitglied der Göttinger Akademie der Wissenschaften, 1788 zum auswärtigen Mitglied der Berliner Akademie, 1802 des „Institut de France" usw. Fast alle bedeutenden gelehrten Gesellschaften zählten ihn zu ihrem Mitglied. 1786 erhielt er die juristische Ehrendoktorwürde der Universität Edinburgh, 1792 die in Glasgow, wo er auch Ehrenbürger wurde; 1816 wurde er geadelt und durfte sich fortan Sir William Herschel nennen. Als 1820 die „Astronomical Society" gegründet wurde, wählte man Herschel zunächst zu einem der drei Vizepräsidenten (der Präsident war traditionsgemäß ein Adliger, der Duke of Somerset, der jedoch bereits nach kurzer Zeit zurücktrat), 1821 zum Präsidenten. In die Geschicke der Gesellschaft griff er – man bedenke sein hohes Alter – kaum noch ein. Die wirkliche Leitung übernahm ein anderer – sein Sohn John. Immerhin publizierte er jedoch in den „Memoirs of the Royal Astronomical Society" 1821 seine letzte wissenschaftliche Arbeit, ein Katalog von 145 neuen Doppelsternen.

Ein einschneidendes Ereignis in Herschels Leben muß hier angeführt werden: In die Zeit der Vorbereitung für den Bau des großen Spiegelteleskops fiel seine Eheschließung mit Mary Pitt. Er hatte Mrs. Pitt, Witwe eines nicht unvermögenden Londoner Kaufmanns, bei geselligen Abenden, die Herschel des öfteren mit Freunden und Bekannten verbrachte, kennengelernt. Eine Freundin von Mary Pitt erinnert sich:

Wir waren sehr häufig bei Mrs. Pitt in Upton und genossen bei Kuchen oder Brot und Wein die behagliche Häuslichkeit in der vertrauten fliesenbelegten Diele. Die arme Frau klagte über die traurige Einförmigkeit ihres Lebens und wir taten unser Bestes, um sie aufzuheitern, besonders Dr. Herschel, der oft mit seiner Schwester abends zu ihr hinüberging und sie ebenso häufig einlud, sein einfaches Mahl mit ihm in Slough zu teilen. Unter Freunden war es bald kein Geheimnis mehr, daß ein irdischer Stern die Aufmerksamkeit Dr. Herschels erregte. Ein Heiratsantrag wurde der Witwe Pitt gemacht und angenommen. [9, S. 97]

Die Trauung fand am 8. Mai 1788 in kleinem Familienkreis statt.

Mary Herschel wird als liebenswürdige, gebildete Frau geschildert, mit der Fähigkeit, einem Hauswesen vorzustehen, in dem täglich Gäste ein und aus gingen, unter ihnen nicht wenige von Rang und Namen. Sie war intelligent und einfühlsam, das bezeugt ihr Briefwechsel. Sie nahm viel Rücksicht auf die Arbeit ihres Mannes, jedoch ohne tieferes Interesse an diesen Gegenständen. Am 7. Mai 1792 wurde ihr einziges Kind, John Frederick William, geboren, der spätere begabte Fortsetzer mancher väterlicher Projekte.

15 John Frederick William Herschel

Für Karoline Herschel brachte die Heirat Wilhelms eine einschneidende Veränderung. Plötzlich nahm eine andere Frau die

Stellung an der Seite ihres Bruders ein – eine Situation, mit der sie nur langsam fertig wurde. Anderthalb Jahrzehnte hat sie das Leben ihres Bruders völlig geteilt, an dessen Arbeit teilgenommen und sie selbstlos unterstützt. Auf eine eigene Karriere als Sängerin verzichtete sie, um ihrem bewunderten Bruder bei seiner Arbeit und Forschung behilflich zu sein. All dies glaubte sie nun zusammenstürzen zu sehen. Verbittert verließ sie einen Tag nach der Heirat ihren „Posten als Haushälterin", wie sie es nannte [21, S. 95], und mietete sich eine Wohnung in der Nähe.

Ihre astronomische Tätigkeit litt jedoch unter diesen persönlichen Belastungen nicht, und nach einiger Zeit entspannte sich die Situation. Die liebenswürdige Art der Schwägerin ließ bald Sympathien entstehen, wie die Ehefrau John Herschels später feststellte: „Sie, die das Heim ihres Gatten mit Frohsinn erfüllte, gewann rasch die völlige Zuneigung der spröden kleinen deutschen Schwester." [9, S. 99] Der herzliche Briefwechsel zwischen beiden bestätigt diese Wertung.

Sonne, Mond und Planeten

In der Erforschung der Fixsternwelt lag der Schwerpunkt der wissenschaftlichen Arbeit Herschels. Aber auch die Körper unseres Planetensystems, Sonne, Mond und Planeten, erregten seine Aufmerksamkeit, und er kam – über die Auffindung des Uranus hinaus – zu interessanten Gedanken und Entdeckungen.

Die Sonne als unser Zentralgestirn stellte sich Herschel als einen besonders großen und deshalb recht gut zu beobachtenden Stern vor. Aus diesem Grund seien wir berechtigt, Erkenntnisse über die Natur auf die Sterne zu übertragen und umgekehrt.

Von der Natur des Sonnenkörpers bildete sich Herschel eine eigenartige Theorie. Sie basiert auf der Vorstellung seines Freundes Alexander Wilson, daß die Sonnenflecke Vertiefungen in der Sonnenatmosphäre seien. Wilson hatte beobachtet, daß Flecke am Rand der Sonnenscheibe ein ovales Aussehen erhalten (Wilson-Schülensches Phänomen) und man hierbei scheinbar in tieferliegende Schichten der Sonne blickt. Das bedeute, daß die Sonne wenigstens aus zwei Teilen bestehen müsse: einem gasförmig-leuchtenden, den wir im Teleskop als ungestörte „Oberfläche" beobachten, und einem dunklen, vermutlich festen Kern. Durch die Öffnungen in der leuchtenden Atmosphäre schimmere der dunkle Kern hindurch.

Herschel sah den Vorzug dieser Theorie in besonderem Maße in der aus ihr folgenden einheitlichen Natur aller Körper des Sonnensystems. Er schrieb darüber 1795:

Diese Art der Betrachtung der Sonne beseitigt die große Verschiedenheit zwischen ihrem Bau und dem der anderen großen Körper des Sonnensystems. Die Sonne erscheint uns als nichts anderes denn ein sehr bedeutender, großer und leuchtender Planet. [27, S. 47]

Im Zentrum des Sonnenkörpers befinde sich der feste, nichtleuchtende Kern, der von der eigentlichen, aus durchsichtigem, nichtleuchtendem Gas bestehenden Atmosphäre umgeben ist. Darauf folgt nach außen die glänzende Sphäre, von der das Licht ausgeht. Solch eine Sphäre haben auch die Planeten, wenn auch wesentlich dünner, wovon das Nordlicht der Erde eine Äußerung ist. Wenn nun eine Öffnung in dieser Schicht entsteht, ist an dieser Stelle der dunkle Kern sichtbar, und zwar in ähnlicher Weise, wie ein Bewohner des Mondes durch Wolkenlücken die

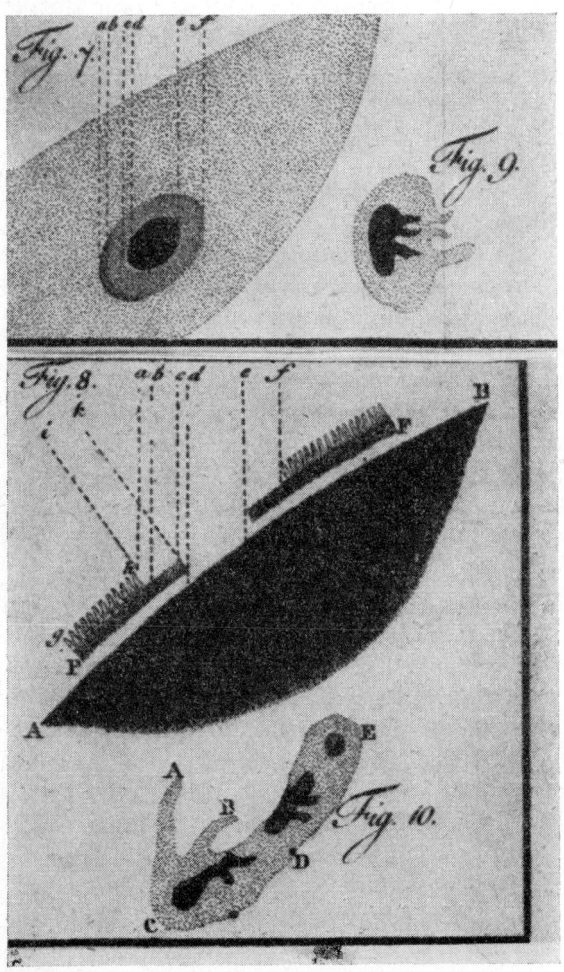

16 Der Aufbau des Sonnenkörpers nach Herschel.
Nach Herschels Meinung besteht die Sonne aus einem kühlen, nicht leuchtenden Kern (Figur 7 und 8, d–e), der nur durch Öffnungen in der leuchtenden Sonnenatmosphäre (a–d, e–f) sichtbar ist

Erdoberfläche betrachten könne. Der dunkle Kern werde durch eine Zwischenschicht von großer Dichte gegen die Hitze und das gleißende Licht der äußeren Schicht abgeschirmt.

Eine solcherart gestaltete Sonne werde nach Herschels Meinung alle Bedingungen der Bewohnbarkeit durch Lebewesen, die sich in ihrem Bau an die speziellen Bedingungen dieses Himmelskörpers gewöhnt haben, gegeben sein. Fruchtbare Ebenen, Sandwüsten, Berge (bis zu einer Höhe von 500 bis 600 Meilen) und anmutige Täler sollen das Bild der Sonnenoberfläche prägen. Für Herschel ist es unbefriedigend, daß die Sonne keinen anderen Daseinszweck haben solle, als das Anziehungszentrum für die Planeten zu bilden.

Weil Herschel die Sonne für einen ganz normalen Stern unter den 20 Mill. unseres Milchstraßensystems hält, ist er in der Lage, die bei der Untersuchung der Sonne gewonnenen Einsichten auf die Sterne zu übertragen. Dies war von vornherein sein Ziel, wie der Titel der Arbeit von 1795 „Über die Natur und den Bau der Sonne und der Fixsterne" bezeugt. Wissenschaftshistorisch sehr fruchtbar erwies sich der folgende Gedankengang:

Daß Sterne Sonnen sind, kann schwerlich bezweifelt werden. Die Sonne dreht sich um ihre Achse; genau wie veränderliche Sterne; sehr wahrscheinlich alle Sterne. Sterne haben Flecke wie die Sonne; von einigen Sternen wissen wir, daß diese Flecke veränderlich sind. [27, S. 47]

Hier zielt Herschel auf eine Theorie veränderlicher Sterne, d. h. Sterne, deren Licht Intensitätsschwankungen unterliegt. Herschel versucht, den Mechanismus des Lichtwechsels mit einer wechselnden Fleckenzahl in den Atmosphäreschichten dieser Sterne zu erklären. Auf diese Weise wäre einmal ein größerer, ein anderes Mal ein kleinerer Teil der Oberfläche dunkel, so daß eine Veränderlichkeit der Lichtaussendung die Folge wäre. Noch 1865 entwickelte Karl Friedrich Zöllner aus einem ähnlichen Ansatz eine Theorie der veränderlichen Sterne, wobei er jedoch die Sonnenflecke als Schlackeprodukte der Energieerzeugung auf der Sonne und den Sternen ansieht.

Herschels Erklärungsweise des Lichtwechsels förderte zwar die Diskussion um diesen Gegenstand und galt mit Modifikationen lange als aussichtsreichste Theorie, stellte sich später aber als falsch heraus. Wir wissen, daß die beiden hauptsächlichen Ursachen für die Lichtschwankungen zum einen in einer periodischen gegenseitigen Bedeckung von Sternen in Doppel- und Mehrfachsystemen (Bedeckungsveränderliche) sowie in der Pulsation einiger Sterntypen (bes. in der Früh- und Spätphase ihrer Entwicklung) liegen.

In einer wiederum der Sonnentheorie gewidmeten Arbeit aus dem Jahre 1801 kommt Herschel auf die Möglichkeit zu sprechen, daß die veränderte Anzahl der Sonnenflecke als Ausdruck einer variierenden Sonnenstrahlung einen Einfluß auf das Wetter haben könne und schließlich

aus einer vollkommeneren Kenntniß der Natur der Sonne und der Ursachen ihrer mehr oder minder reichlichen Ausspendung von Licht und Wärme Vortheile, selbst für den Landbau, erwachsen würden. [3, Suppl.-Bd. 2, 128]

Da ihm meteorologische Daten nicht in ausreichendem Maße zur Verfügung standen, wählte er eine von Adam Smith 1776 aufgestellte Statistik der Weizenpreise (hohe Preise bedeuten eine schlechte Ernte und ungünstige Witterungsbedingungen, niedrige Preise gute Witterung und eine gute Ernte). Herschels Resultat lautete: hohe Sonnenfleckenzahl – niedrige Weizenpreise, also gute Witterungsbedingungen. Dafür erntete Herschel viel Spott. In der „Edinburgh Review" hieß es sogar, es sei nach „Gullivers Reisen" „nichts so lächerliches mehr in die Welt gesandt worden" – womit der Autor zeigte, daß er weder das Werk von Jonathan Swift noch Herschels Arbeit recht verstanden hat.
Jedenfalls war Herschel wohl der erste, der auf den Zusammenhang von Sonnenaktivität und irdischen Ereignissen aufmerksam machte. In unserem Jahrhundert ging aus diesem Grundgedanken die solar-terrestrische Physik hervor.

Herschels Sonnentheorie fand für etwa 50 Jahre viel Anklang. Eine große Zahl anerkannter Gelehrter folgte ihr, wie Bode, Schroeter oder Hahn. Sie war überhaupt die erste physikalische Theorie, die die Natur unseres Zentralgestirns sowie der Sterne in Einklang mit Beobachtungsdaten geschlossen darstellte. Hier gelangen Herschel wichtige Ansätze der Forschung, wie die Erkenntnis der grundsätzlichen Ähnlichkeit zwischen Sonne und Sternen, die Erklärung der Sonnenflecke als sichtbarer Ausdruck physikalischer Prozesse und des Stofftransports von tieferen in äußere Schichten der Sonnenatmosphäre.

Sie entsprach auch ästhetischen Ansprüchen der Naturerklärung, wie Johann Elert Bode schon 1776 mit den Worten zum Ausdruck brachte:

> Eine brennende, oder eine mit einer fließenden und glühenden Materie bedeckte Sonne, sind für mich gleich fürchterliche Bilder ... Auf dieser wohltätigen Quelle des Lichts und der Wärme kann ich mir keinen so allgemein grausenvollen Zustand gedenken; gesetzt auch, daß Materien aller Arten vorrätig wären, das Sonnenfeuer viele Jahrtausende hindurch in gleicher Glut zu erhalten. [5, S. 230 ff.]

All dem zum Trotz stellte sich nach der Mitte des vergangenen Jahrhunderts heraus, daß die Sonne doch ein selbstleuchtender, sehr heißer Körper ist, auch wenn noch lange Zeit ein großes Rätseln um die Quelle der Sonnenenergie war. Erst 1937–39 konnte die Kernfusion als effektiver, für Milliarden Jahre funktionierender Mechanismus erkannt werden.

Einer weiteren Entdeckung Herschels im Zusammenhang mit seinen Sonnenbeobachtungen ist noch zu gedenken. Als er 1800 zur Abschirmung des grellen Sonnenlichts mit verschiedenen Farbgläsern arbeitete, merkte er, daß diese in unterschiedlichem Maße Licht und Wärme hindurchlassen. Darauf zerlegte er das Licht mittels eines Prismas und maß die Temperatur in den einzelnen Spektralbereichen. Im violetten Bereich erhielt er eine Temperaturerhöhung von 2 Grad, im grünen von $3\,^1/_4$ Grad, im roten von $6\,^7/_8$ Grad, am Ende des roten von 8 Grad, und im infraroten Bereich waren es 9 Grad; danach sank die Temperatur wieder ab. Herschels Schlußfolgerung war exakt: Es ist „offenbar", daß es jenseits der sichtbaren Strahlung eine unsichtbare gibt, mit einer „Kraft von wirkender Hitze" [27, S. 61]. Dies bedeutete die Entdeckung der infraroten Strahlung. Ganz natürlich schloß Herschel daraus, daß sich Licht und Wärme zwar nach ihrer Wirkung, nicht aber ihrer physikalischen Natur voneinander unterscheiden.

Auch „hinter" dem violetten Ende des Spektrums suchte Herschel mit seinen Thermometern nach weiteren Strahlungsanteilen – doch vergeblich. Aber schon im folgenden Jahr 1801 gelang Johann Wilhelm Ritter bei Experimenten mit Silberchlorid die Entdeckung der ultravioletten Strahlung.

Herschel gehörte zweifellos zu den fleißigsten Planetenbeobachtern seiner Zeit. Sein besonderes Interesse galt dem Ringplaneten Saturn. Die vielfältigen Erscheinungen seiner Wolkenhülle erreg-

ten Herschels Interesse. Die Rotationszeit des Planeten bestimmte er 1794 in guter Annäherung an den wirklichen Wert (10 h 14 min) zu 10 h 16 min 0,4 s. An den Polen glaubte er jahreszeitlich wechselnde weiße Flecke zu erkennen, woraus er im Zusammenhang mit anderen Beobachtungen atmosphärischer Erscheinungen den Schluß zog, „daß diese Veränderungen die Folge einer Wirkung der Lufttemperatur in den verschiedenen Climaten des Saturn anzeigen". [3, für 1810, S. 230] Für den Durchmesser des Ringsystems leitete er einen Wert von fast 330 000 km ab, der gegenüber heutigen Messungen von 270 000 km zu hoch ist.
Herschels wichtigster Beitrag auf diesem Gebiet war die Entdeckung der beiden Saturnmonde Mimas und Enceladus im Jahre 1789 mit seinem 40-Fuß-Teleskop.
Über den Merkur finden sich bei Herschel nur gelegentliche Äußerungen, besonders aus dem Jahre 1802, als er diesen Planeten während seines Vorbeigangs vor der Sonnenscheibe beobachtete.
Intensiver widmete er sich der Venus, wenn auch sein Vorhaben, deren Rotationszeit genauer zu messen, nicht gelang. Die Beobachtung gewaltiger Berge auf der Venus, die einigen Astronomen scheinbar gelang, bestritt Herschel heftig und mit Recht. Denn wegen der außerordentlich dichten Wolkenhülle der Venus ist die Oberfläche des Planeten auch mit großen Fernrohren nicht zu durchdringen. Erst Raumsonden lüfteten den Schleier und sandten Bilder von Oberflächendetails der Venus zur Erde.
Herschels Bestimmung der Rotationszeit des Mars ergab mit 24 h 39 min 22 s eine sehr gute Annäherung an den heutigen Wert von 24 h 37 min 22,6 s. Er vermutete bei diesem Planeten eine recht dichte Atmosphäre, worauf gelegentliche Veränderungen an kleinen Flecken deuteten. Diese Atmosphäre bedinge es, „daß sich seine Bewohner möglicherweise einer Situation erfreuen, die in vielem ähnlich der unsrigen ist". [27, S. 27]
Bald nach der Entdeckung der beiden ersten Planetoiden Ceres 1801 und Pallas 1802 hatte Herschel diese neuen Himmelskörper beobachtet. Von ihm stammten einige der ersten Durchmesserbestimmungen, die die Fachwelt aufhorchen ließen, ja geradewegs abgelehnt und verlacht wurden.
Bereits im Zusammenhang mit der Uranusentdeckung wurde von der Erwartung gesprochen, daß sich zwischen Mars und Jupiter

ein weiterer Planet befinden müsse. Für die in dieser Lücke entdeckten zwei Körper berechnete Herschel einen Durchmesser von 260 bzw. 235 km. Das schien unglaublich, und Bode zitierte die Meinung eines nicht genannten „sehr verdienten und bekannten auswärtigen Gelehrten":

Allerdings ist bey Herrn Herschels Angaben der wahre Durchmesser der Ceres und Pallas ... etwas unerklärbares. Ich begreife nicht, wie er darauf gekommen ist, sie zu so gar kleinen Taschen-Planeten zu machen. Die neue Classe von Himmelskörpern, in welche er beyde unter dem Namen Asteroiden bringen will, wird wol schwerlich Beyfall finden. [3, für 1805, S. 214]

Dennoch hat Herschel die Größenordnung dieser mysteriösen „Taschen-Planeten" richtig erfaßt, auch wenn die exakten Werte zu niedrig liegen und in Wirklichkeit 1025 km für Ceres bzw. 560 km für Pallas betragen. Juno und Vesta, der dritte und vierte entdeckte Kleinkörper in der Mars–Jupiter-Lücke haben Größen von 190 km und 525 km; die weiteren Planetoidendurchmesser sind noch wesentlich geringer.

Herschel wählte den Namen Asteroiden für diese neue Klasse von Himmelskörpern „wegen ihrem sternähnlichen Aussehen". Diese Bezeichnung ist neben Kleinplaneten und Planetoiden noch heute gebräuchlich.

Als 1804 die Juno entdeckt wurde, konnte er die bei Ceres und Pallas gewonnenen Daten bestätigen und schrieb:

Der spezifische Unterschied, der zwischen den Planeten und den Asteroiden besteht, ist nun vollkommen ermittelt. Dieser Umstand hat, nach meiner Meinung, zu der Schönheit unseres Systems mehr beigetragen, als durch die Entdecker eben so hoch zu stellen, als er selbst. [1, S. 440]

Desto unsinniger stellt sich ein Angriff auf Herschel dar, der seine Ursache wohl nur in grenzenlosem Neid finden kann. Arago zitiert einen Autor der Royal Society, der über die Namenswahl „Asteroiden" die Meinung verbreitet:

... der gelehrte Astronom hatte den ersten Beobachtern dieser Himmelskörper jede Idee nehmen wollen, sich in der Reihe der astronomischen Entdecker eben so hoch zu stellen, als er selbst. [1, S. 440]

Auch den Jupiter beobachtete Herschel und gab dessen Rotation mit Werten zwischen 9 h 50 min 48 s und 9 h 55 min 40 s an. Diese Differenz erklärt sich daraus, daß die Rotationszeit der

Jupiteratmosphäre in verschiedenen Zonen voneinander abweicht und etwa innerhalb der von Herschel angegebenen Werte liegt.

Einen Kometen hat Herschel nicht entdeckt, im Gegensatz zu seiner Schwester, die auf diesem Gebiet, wie schon geschildert, sehr erfolgreich war. Natürlich hat er mehrere dieser Himmelskörper beobachtet, unter ihnen den vom Jahre 1811. Von seinem Aussehen im Teleskop schloß er auf eine eigene Lichtaussendung. Die Länge des Schweifs gibt er mit rd. 150 Mill. km an, was im Bereich der tatsächlichen Verhältnisse liegt.

Die Berechnung der Mondberghöhen aus dem Jahre 1780 wurde schon erwähnt. Der Mond stand dann vor allem 1783 und 1787 in Herschels Interesse. Am 4. Mai 1783 und am 19./20. April 1787 hatte er auf dem unbeleuchteten Teil der Mondscheibe in der Nähe des Kraters Aristarch rätselhafte Leuchterscheinungen gesehen. Da man von der Existenz der Mondberge seit langer Zeit wußte, zögerte Herschel nicht, diese Leuchterscheinungen als feuerspeiende Vulkane anzusehen. Lange Zeit wurden diese Beobachtungen als Täuschungen angesehen, obwohl 1789 auch Bode und Schroeter sowie später v. Hahn, Olbers und andere Beobachter von ähnlichen Wahrnehmungen (vornehmlich um Aristarch) berichteten.

In modifizierter Form fanden diese Leuchterscheinungen ihre Bestätigung. Über ihre Natur ist man sich jedoch noch heute nicht einig. Wahrscheinlich handelt es sich um Gasausbrüche oder Lumineszenzerscheinungen an einzelnen Stellen des Mondbodens. Keinesfalls sind es Vulkane nach irdischem Vorbild.

Die angenommene Verwandtschaft zwischen der Erde einerseits und der Sonne, dem Mond und den Planeten andererseits führten Herschel zur Annahme der Existenz von Lebewesen auf diesen Himmelskörpern, „deren Organe ihrer besonderen Beschaffenheit angemessen ist" [3, Suppl.-Bd. 2, S. 75]. Selbst für die Sonne treffe dies zu. Ihre Hitze sei kein Hindernis, da diese von „der größeren oder geringeren Empfänglichkeit des Wärmestoffs für die Eindrücke der Sonnenstrahlen" abhänge und die eigenen Stoffe der Sonne offenbar nur zu einer geringen Wärmeentwicklung führen.

Trotz dieser astronomischen Argumentation ist seine Vorstellung vom Leben im Weltall stark mit teleologischen Motiven verbunden, d. h. mit der Fragestellung nach dem Zweck der Existenz der Himmelskörper. Die Sonne könne nicht nur den „Zweck" der Anziehung der Planeten erfüllen, der Mond nicht nur den, uns des Nachts zu leuchten ... Sie alle haben einen Zweck für sich, nämlich Lebewesen zu beherbergen. Herschel denkt sich das ganze Weltall mit Leben erfüllt. Denn:

Wenn die Sterne Sonnen und Sonnen bewohnbar sind, welch ein unermeßliches Feld der Belebung eröffnet sich da unserm Blicke. Noch mehr, da Sterne Sonnen und Sonnen der gewöhnlichsten Meinung nach Körper sind, die dazu dienen, ein System von Planeten zu erleuchten, zu erwärmen und im Weltraum zu erhalten, so können wir uns der Analogie gemäß, eine zahllose Menge zu Wohnsitzen lebendiger Wesen dienende planetarische Körper vorstellen. [3, Suppl.-Bd. 2, S. 78 f.]

Ein Lebenswerk und seine Fortsetzung:
John Herschel

In der Geschichte der Astronomie sind viele glanzvolle Entdeckungen gemacht worden, die von weitreichender Bedeutung waren und begeistert gefeiert oder verbissen geleugnet wurden. Das Bild der heutigen Astronomie ist jedoch nicht nur das Resultat großer Entdeckungen, sondern auch das Ergebnis der Arbeit ungenannter, nur dem Spezialisten bekannter Assistenten, Observatoren, Adjunkten und einer unübersehbaren Schar von „Freizeitforschern". Nicht zu vergessen die Optiker, Mechaniker und technischen Hilfskräfte, durch deren Tätigkeit die Werkzeuge für den Astronomen entworfen und gefertigt werden.

17 Wilhelm Herschel

Doch auch unter den „Großen" der Astronomiegeschichte gibt es nur wenige, deren Werk die gesamte Astronomie verändert und geprägt hat, in deren Person der Beginn einer neuen Epoche dieser Wissenschaft markiert ist. Herschel war eine dieser wenigen Persönlichkeiten. Die Entdeckung des Uranus war zweifellos seine *populärste* Leistung, für den Fortschritt der Astronomie aber nicht seine *wichtigste,* wie folgender Überblick zusammenfassend zeigen soll:

Herschel begründete mehrere neue Forschungsgebiete: die Doppelsternastronomie, die Erforschung der Milchstraße, die Bewegung der Sonne im Raum, die Theorie der Entwicklung kosmischer Körper;

er führte das Denken der Menschen in ungeahnte Räume und Zeiten: ferne Milchstraßensysteme, kosmische Dimensionen;

er fügte den Wohnsitz der Menschen in diese gewaltigen Strukturen des Kosmos ein;

ihm gelangen zahlreiche einzelne Entdeckungen, die allein seinen Namen berühmt gemacht hätten: Uranus, Monde des Saturn und Uranus, die Infrarotstrahlung, Leuchterscheinungen auf dem Mond;

seine Beobachtungen im Planetensystem, seine Doppelstern- und Nebelkataloge, selbst ohne die aus ihnen gezogenen Schlußfolgerungen;

auch seine am Ende zwar falsche, aber doch einflußreiche Sonnentheorie ist zu nennen sowie seine Vorstellung von der Belebtheit kosmischer Körper;

schließlich und in der Folge der Bedeutung durchaus nicht zuletzt ist der Instrumentenkonstrukteur und -bauer Herschel zu nennen, dessen Beobachtungsgeräte eine neue Epoche des Baus astronomischer Fernrohre einleiteten: die der Spiegelteleskope.

Der Einfluß Herschels auf die Astronomie wird anschaulich deutlich, wenn man zwei Lehrbücher dieser Wissenschaft aus den Jahren etwa 1780 und 1850 in die Hand nimmt und den Inhalt vergleicht. Über Fixsterne, Nebelflecke und Sternhaufen sowie die Milchstraße wird man in ersterem nur wenige, sehr allgemein gehaltene Bemerkungen auf wenigen Seiten finden. 70 Jahre später hatte sich das Bild gewandelt – unter der initiierenden Wirkung Herschelscher Forschungen. In der Vielseitigkeit der Forschungsthemen Herschels steckt ein wohldurchdachter Plan. Er wußte sehr gut, was seine Instrumente leisten können und was nicht, kannte ihre Vorzüge und Grenzen. Bessel schrieb dazu:

> Herschel's Instrumente sollten das Sehen am Himmel so weit als möglich schärfen; als Hilfsmittel zum Messen leisteten sie wenig ... Herschel's Streben war nicht auf die Erforschung der Bewegungen, sondern auf die Erforschung der Beschaffenheit des Weltgebäudes und seiner einzelnen Theile gerichtet. [4, S. 470]

Seine großen Spiegelteleskope waren nicht für genaue Ortsbestimmungen der Himmelskörper eingerichtet, ihre Montierung erlaubte keine Anbringung von hochpräzisen Skalen. Deshalb kam die Arbeit an Sternkatalogen, wie sie z. B. von Bessel in ungeahnter Genauigkeit ausgeführt wurde, für Herschel nicht in Frage. Für ihn eröffnete sich ein Gebiet durch die Benutzung optischer Riesen und den mit ihnen möglich gewordene Blick in Himmelstiefen, die zuvor kein Mensch erschaut hatte. Sein Arbeitseifer war eine individuelle Voraussetzung für die Erfolge. Begünstigend kommt hinzu, daß er in einer Zeit tätig war, in der aufgrund des Reifegrades astronomischer Forschung sowie wegen der Entwicklung technischer Möglichkeiten der Einsatz großer Teleskope gerade erst möglich und sinnvoll wurde. Durch dieses Zusammentreffen objektiver und subjektiver Bedingungen standen Herschel bedeutende, unbearbeitete Forschungsfelder offen, die er voll ausschöpfte.

Mit zahlreichen Fachkollegen stand Herschel in freundschaftlichem Verhältnis, allen voran sein „Entdecker" William Watson, aber auch der bedeutende Privatgelehrte Alexander Aubert, Alexander Wilson und dessen Sohn Patrick, Joseph Banks, Nevil Maskelyne und andere. Mit vielen Astronomen aus allen Ländern stand er in brieflichem Austausch von Forschungsergebnissen.

Über Herschels Persönlichkeit gibt es mehrere Zeugnisse in vertrauten Briefen seiner Freunde und Besucher, die in völlig übereinstimmender Weise seine Herzlichkeit, Aufgeschlossenheit, Bescheidenheit und Bildung hervorheben. Aus dem Jahre 1787 berichtet eine Madame d'Arblay:

> Herschel ist ein Mann zum Entzücken; er ist bei seinen ungeheuren Kenntnissen so bescheiden und immer bereit den Unwissenden davon mitzuteilen; ferner hat er ein so liebenswürdiges offenes Benehmen und wenn er kein Genie wäre, würde er doch immerhin für einen gefälligen, zartfühlenden Mann gelten. [28, S. 107]

Eine andere Schilderung stellt den gealterten Gelehrten im Jahre 1813 vor:

Ich wünschte, Du wärst vorgestern mit mir zusammen gewesen, denn ich bin ganz sicher, wenn Du Dich mir angeschlossen hättest, wärst Du entzückt gewesen über einen bedeutenden, einfachen ‚good old man' – Dr. Herschel ... Aber, den alten Astronomen selbst, seine Einfachheit, seine Freundlichkeit, seine Geschichten, seine Bereitschaft etwas zu erklären und völlig verständlich zu machen, seine eigene, erhabene Vorstellung vom Weltall – alles ist unbeschreiblich entzückend. Er ist 76 Jahre alt, aber frisch und kräftig; und dort saß er, in der Nähe der Tür, im Hause seines Freundes, gelegentlich über einen Scherz schmunzelnd oder zufrieden dasitzend, ohne an der Unterhaltung teilzunehmen. Aber er folgt jeder Unterhaltung; alles was Du fragst, sucht er mit einer Art knabenhaftem Eifer zu erklären. [2, S. 37]

Bis ins hohe Alter hatte sich Herschel seine geistige Frische bewahrt, wie seine späten Publikationen bezeugen. Und obwohl er seit 1808 oft kränkelte, setzte er seine Beobachtungtätigkeit noch lange fort, wenn auch nicht mehr mit der routinemäßigen Kontinuität. Eine seiner letzten Beobachtungen datiert vom 4. Juli 1819, als der über Achtzigjährige mit schwachen Schriftzügen die Mitteilung an seine auch schon 69jährige Schwester notierte:

Lina. – Ein großer Comet steht am Himmel. Ich brauche Dich zur Hülfe. Komm zu Tisch und bleibe den Tag über hier. Wenn Du kannst, so komm bald nach 1 Uhr, damit wir Zeit haben, die Karten und Telescope vorzubereiten. Ich sah ihn letzte Nacht, er hat einen großen Schweif. [28, S. 121]

Im August 1822 machte sich eine rasch zunehmende allgemeine Schwäche bei Herschel bemerkbar, deren Verlauf Karoline mit großer Sorge verfolgte. Am 15. August mußte er zu Bett gebracht werden, ohne Hoffnung, je wieder zu genesen. Am 25. August starb Wilhelm Herschel im Alter von 83 Jahren in seinem Hause in Slough.

Karoline Herschel verlor mit dem Tod ihres Bruders die Person, auf die sie in den vergangenen 50 Jahren all ihr Denken und Tun bezogen hatte. Sie spürte sehr wohl die nun drohende Leere ihres Alltags und beschloß, England zu verlassen, um in ihre Geburtsstadt zurückzukehren – ein Schritt, den sie später oft bereute. Sie traf am 28. Oktober 1822 in Begleitung ihres Bruders Dietrich in Hannover ein. Es fiel ihr sehr schwer, nach so langer Abwesenheit hier ein neues Leben zu beginnen. Vertraute Freunde hatte sie kaum und niemanden, der ihr Interesse an der Astronomie teilte oder mit dem sie die gewohnten inhaltsreichen Gespräche, die sie mit ihrem Bruder und den vielen Besuchern in Slough geführt hatte, fortsetzen konnte.

So umgab Karoline Herschel eine mit den Jahren immer mehr zunehmende Einsamkeit. Daran änderte sich auch nichts, als sogleich nach ihrer Ankunft in Hannover ihre Person zu einer wahren Stadtberühmtheit wurde. Nur wenige ihrer zahllosen Besucher vermochten wohl zu beurteilen, was sie wissenschaftlich geleistet hatte. Für viele war Karoline Herschel die seltene Ausnahme einer gelehrten Frau, für andere die bloße Schwester des berühmten Astronomen. Ihr Name ist jedoch mit eigenständigen wissenschaftlichen Leistungen verbunden, und zwar über die schon erwähnte Entdeckung von mehreren Kometen hinaus.

Karoline Herschels Hauptwerk erschien 1798 im Druck und ist eine Bearbeitung der „Historia coelestis Britannica" von John Flamsteed. Dieser erste große Sternkatalog der Neuzeit wurde von allen Astronomen benutzt, auch von ihrem Bruder und ihr selbst. Karoline Herschel unternahm eine umfangreiche Neuberechnung der Sternpositionen, wobei sie nicht nur 561 von Flamsteed beobachtete, aber nicht bearbeitete Sterne neu aufnahm, sondern auch verschiedene Fehler auffand und ein Register des Katalogs anfertigte. Diese, mit großem Rechenaufwand verbundene Arbeit fand bei den Fachkollegen großen Anklang und brachte der Autorin viel Lob ein.

Als ein Denkmal unermüdlichen Fleißes und bis ins hohe Alter bewahrter Arbeitsfähigkeit ist schließlich die Bearbeitung der 2 500 von Wilhelm Herschel entdeckten Sternhaufen und Nebel zu nennen, die Karoline Herschel im Alter von 77 Jahren abschloß. Wieder lagen aufwendige mathematische Ableitungen hinter ihr, in deren Ergebnis die Positionen aller Objekte auf das Jahr 1800 reduziert vorlagen. Dies war für die eindeutige Festlegung ihrer Örter von großer Wichtigkeit. Dieser Katalog war von vornherein nur für den Gebrauch ihres Neffen John gedacht und wurde nicht veröffentlicht, leistete jedoch bei der erneuten Bearbeitung der Nebelbeobachtungen Wilhelm Herschels durch dessen Sohn John unersetzliche Dienste.

Die Königliche Astronomische Gesellschaft in London verlieh Karoline Herschel für diese Arbeit 1828 ihre Goldene Medaille. In Würdigung ihrer Verdienste um die Astronomie wurde sie 1835 zum Ehrenmitglied dieser Gesellschaft ernannt. Schließlich sei erwähnt, daß Karoline Herschel 1838 zum Mitglied der Königlich Irischen Gesellschaft der Wissenschaften gewählt wurde und 1846 die Goldene Medaille der Berliner Akademie nebst einem Schreiben Alexander von Humboldts erhielt.

Auszeichnungen und Ehrungen wurden Karoline Herschel in Hannover vielfach zuteil, die sie dankbar entgegennahm. Bis in die letzten Lebensjahre nahm sie regen Anteil am kulturellen Leben ihrer Geburtsstadt. Die größte Freude bereitete es ihr aber, von den wissenschaftlichen Erfolgen ihres Neffen John zu hören.

In den letzten zwei Lebensjahren verstärkte sich die körperliche Schwäche der greisen Astronomin in solchem Maße, daß sie kaum noch in der Lage war, den Briefwechsel mit der Familie John Herschels aufrechtzuerhalten. Seit Dezember 1846 vermochte sie nicht mehr selbst zur Feder zu greifen, sondern diktierte die Briefe einer Freundin. Karoline Herschel, die sich bis zuletzt geistiger Frische erfreuen konnte, verstarb am 9. Januar 1848, fast 99jährig.

Herschel hatte die große Freude, in seinem Sohn John einen hoffnungsvollen Wissenschaftler heranwachsen zu sehen. Seine finanzielle Lage setzte ihn in den Stand, ihm eine Ausbildung in exklusiven Einrichtungen zu geben: private Schule, Eton College, dann St. John's College in Cambridge. Überall schloß John mit den besten Resultaten ab.

Schon in jungen Jahren nahm John Anteil am regen Treiben, das im Elternhaus herrschte. Zunächst waren seine Interessen durchaus nicht allein auf die Sterne gerichtet, sondern Mathematik und Chemie standen im Vordergrund. Sein erstes Werk war eine Aufgabensammlung zur Integralrechnung (1820), sein zweites Buch behandelte Probleme der Naturphilosophie (1830). Schon 1815 war er in der Chemie so weit fortgeschritten, daß er zur Wahl für den Lehrstuhl für Chemie in Cambridge stand – nur knapp verfehlte er die Ernennung.

Bei allen bemerkenswerten Arbeiten zu den verschiedensten Wissenschaftsgebieten war doch der Einfluß des Vaters groß, und die Astronomie bildete für lange Zeit das Hauptarbeitsgebiet inmitten weitgespannter Forschungsthemen. John wurde in Slough astronomischer Assistent des Vaters, lernte die praktische Arbeit am Fernrohr genauso kennen wie das Schleifen und Polieren von Teleskopspiegeln.

Die ersten astronomischen Veröffentlichungen legte John Herschel 1822 vor. Sie betrafen vorwiegend mathematisch orientierte Arbeiten zur Bestimmung von Sternbedeckungen durch den Mond und die Vereinfachung der Ortsbestimmung von Fundamentalsternen. Zu dieser Zeit war John Herschel auch mit einem größeren Beobachtungsprogramm beschäftigt. Gemeinsam mit James South stellte er zwischen März 1821 und dem Jahresende von 1823 einen Katalog von 380 Doppelsternen auf, den South später noch um 458 Objekte ergänzte. Hierin folgte er ebenso den Spuren seines Vaters wie bei der Durchmusterung des Himmels nach Nebeln und Sternhaufen. Immerhin fand er noch 525 bis dahin unbekannte Objekte, die aber alle sehr lichtschwach waren. Diese Beobachtungen verband er mit einer Revision der Nebelbeobachtungen seines Vaters, bei der ihm die erwähnte Katalogisierung von Karoline Herschel von großem Nutzen war.

Am 3. März 1829 heiratete John Herschel Margaret Stewart. Die Ehe mit der fast zwei Jahrzehnte jüngeren Frau verlief sehr harmonisch. Margaret Herschel brachte viel Verständnis und Rücksichtnahme für die wissenschaftliche Arbeit ihres Mannes auf, was angesichts der 12 Kinder aus ihrer Ehe nicht immer leicht gewesen sein mag. Zwei ihrer Söhne erlangten Bedeutung in der Wissenschaftsgeschichte: William James begründete die Methode der Personenidentifizierung durch Fingerabdrücke, und Alexander Stuart führte die „Herschel-Dynastie" in der Astronomie weiter.

Die wichtigsten astronomischen Studien gelangen John Herschel während seines über vierjährigen Aufenthaltes am Kap der Guten Hoffnung. Das hier gesammelte Material sah Herschel als Ergänzung und Abschluß der Arbeiten seines Vaters an. Dieser hatte seine Durchmusterungsarbeiten und Sterneichungen am nördlichen Himmel sowie an kleineren, ihm zugänglichen Teilen des Südhimmels durchgeführt. John Herschel wollte dazu die Ergänzung für den gesamten südlichen Sternhimmel vornehmen. Lange hatte er sich auf die Reise vorbereitet. Frei von Störungen jeglicher Art konnte er sich seinen wissenschaftlichen Arbeiten widmen, mit denen er auf Schritt und Tritt Neuland betrat. Sehr gering war damals noch die Kenntnis vom tiefen südlichen Sternhimmel. Außer Edmond Halley und Nikolaus Louis Lacaille hatte Herschel hier kaum nennenswerte Vorgänger, und auch diese beiden Gelehrten waren bei ihren Arbeiten auf St. Helena bzw.

ebenfalls am Kap der Guten Hoffnung nur mit kleinen Fernrohren ausgerüstet gewesen.

John Herschel war mit seinem 20-Fuß-Reflektor und drei identischen Teleskopspiegeln im Gepäck auf die Reise gegangen. Einer der Spiegel war noch von Wilhelm Herschel geschliffen worden, der zweite war gemeinsames Produkt von Vater und Sohn, während der dritte allein von John Herschels Hand stammte. Außerdem führte er einen 7-Fuß-Refraktor mit, den er zur genauen Bestimmung der Positionen der am großen Spiegel entdeckten Objekte benutzte.

Am 10. November 1833 verließ John Herschel England, am 11. März 1838 begab sich die Familie Herschel in Südafrika an Bord zur Heimfahrt. Die Auswertung des gewaltigen Materials nahm Jahre in Anspruch. Erst 1847 erschienen die „Results of Astronomical Observations made ... at the Cape of Good Hope".

Herschel katalogisierte am Südhimmel in Ergänzung zu den Arbeiten seines Vaters 1 707 Nebelflecke und Sternhaufen, 2 102 Doppel- und Mehrfachsternsysteme und führte in 3 000 Feldern die Sterneichungen zur Aufklärung der Struktur des Milchstraßensystems fort. Die zahlreichen Detailstudien zu einzelnen Objekten, wie der Großen und Kleinen Magellanischen Wolke, der Region um den Orionnebel und dem Nebel η Carinae (Sternbild Schiffskiel) blieben für lange Zeit mustergültig. In Auswertung seiner Beobachtungen des Halleyschen Kometen 1835/36 vermutete Herschel, ähnlich wie Friedrich Wilhelm Bessel, daß die Entstehung des Schweifes auf elektrische Kräfte zurückgeht, womit er der Wahrheit sehr nahe kam. Auf der Grundlage seiner Durchmusterungen am südlichen Sternhimmel konnte John Herschel später die beiden großen Kataloge von 5 079 Nebelflecken und Sternhaufen (1864), ein monumentales Dokument des Forschens der beiden Herschels, sowie einen Katalog von 10 300 Doppel- und Mehrfachsternen (erst nach seinem Tod erschienen) bearbeiten.

Neben der Astronomie zogen auch immer wieder andere Wissenschaftsgebiete Herschels Aufmerksamkeit an. So organisierte er in der Kapprovinz die regelmäßigen meteorologischen Beobachtungen und widmete sich nach seiner Rückkehr aus Afrika einem alten Thema – der Fotochemie. Schon 1819 hatte er die

Eigenschaft des Natriumthiosulfats entdeckt, Silberverbindungen zu lösen. Um 1840 fand diese Entdeckung Eingang in die fotografische Praxis und erwies sich allen anderen Fixiermethoden überlegen. John Herschel verfolgte die Entwicklung der Fotografie mit großem Interesse und führte zahlreiche Experimente zur Verbesserung verschiedener Arbeitsmethoden durch. Auf Patente verzichtete er grundsätzlich, da er seine Resultate, z. B. im Zusammenhang mit den Forschungen zum Natriumthiosulfat, ungehindert benutzt sehen wollte. Übrigens prägte er auch die in der Fotografie heute alltäglichen Begriffe „Positiv" und „Negativ".

18 Altersbildnis John Herschels

Nachdem Herschel in Südafrika Jahre unbeschwerten Forschens im Kreise der Familie verleben durfte, fühlte er sich offenbar verpflichtet, seinem Heimatland mit der Übernahme eines Staatsamtes zu dienen. Im Dezember 1850 wurde er zum „Master of the Mint", dem Direktor der Englischen Münze, ernannt. Damit übernahm er eine große Verantwortung für die Verwaltung des englischen Währungssystems. Diese Funktion, in der er mit Isaac Newton einen großen Amtsvorgänger hatte, nahm seine Arbeitskraft voll in Anspruch und zwang ihn zudem, in London, getrennt von seiner Familie, zu leben. Aus der Zeit von Herschels Tätigkeit an der Münze sei nur erwähnt, daß er den vergeblichen Versuch unternahm, die englische Währung auf eine dezimale Teilung umzustellen.

Trotz der enormen Arbeitsbelastung als „Master of the Mint" wählte man Herschel in eine Kommission zur Reformierung des Studiensystems an der Universität Cambridge und in das Organisationskommitee zur Vorbereitung der Londoner Weltausstellung 1851. All dies führte nicht nur dazu, daß Herschel seine wissenschaftlichen Arbeiten völlig unterbrechen mußte, sondern auch zu einer schweren nervlichen Krise. Erst nach Niederlegung dieser belastenden Tätigkeiten stabilisierte sich seine Gesundheit, und Herschel fand den Weg zu schöpferischer Arbeit zurück, u. a. in der Bearbeitung der schon genannten Kataloge von Nebeln, Sternhaufen und Doppelsternen. Umfangreichere Himmelsbeobachtungen hatte er nach seiner Rückkehr vom Kap der Guten Hoffnung nicht mehr unternommen.

Die wissenschaftlichen Arbeiten Herschels sowie die öffentlichen Ämter stellen nur die eine Seite des Wirkens von Herschel dar. Die andere sind zahlreiche Veröffentlichungen, mit denen er astronomisches Fachwissen einem größeren Interessentenkreis zugänglich machte. Dazu gehören Aufsätze in zahlreichen Enzyklopädien und populären Zeitschriften genauso wie Vorträge, z. B. in der Schule seines Wohnortes. Zu einem Bestseller auf dem Gebiet der populären Literatur wurden Herschels „Outlines of Astronomy", die schon zu Lebzeiten des Autors zehn Auflagen erlebten. Die „Grundlagen der Astronomie" wenden sich im Unterschied zu manch anderen populären Veröffentlichungen an Leser, die einige Vorkenntnisse auf den Gebieten der Physik und Mathematik besitzen.

Bei den großen Verdiensten um die Wissenschaft konnte es nicht ausbleiben, daß John Herschel vielfache Ehrungen und Auszeichnungen zuteil wurden. Er war Mitglied wohl aller großen Wissenschaftsakademien, darunter seit 1827 der in Berlin, sowie sehr viel kleinerer und größerer gelehrter Gesellschaften.

Im Unterschied zu seinem Vater, der lieber zurückgezogen lebte und arbeitete (was ihm freilich wegen der vielen Besucher in seinem Haus selten gelang), stand John Herschel im Mittelpunkt allgemeinen gesellschaftlichen Interesses. Seine Kapexpedition wurde als nationales Ereignis gefeiert, die öffentlichen Ämter brachten gesellschaftliche Verpflichtungen, auch die Notwendigkeit bloßer Repräsentanz. In der öffentlichen Meinung Englands galt John Herschel geradezu als Personifizierung der Wissenschaften überhaupt.

John Herschel starb am 11. Mai 1871 und fand seine letzte Ruhestätte in der Westminster Abtei, unmittelbar neben Isaac Newton.

Chronologie

1738	15. November: Geburt Friedrich Wilhelm Herschels in Hannover.
1745	13. November: Geburt Alexander Herschels in Hannover.
1750	16. März: Geburt Karoline Lukretia Herschels in Hannover.
1753	Eintritt in die Militärkapelle der Hannoverschen Garde.
1756	Erster Englandaufenthalt.
1757	Teilnahme am 7jährigen Krieg. Beginn des zweiten Englandaufenthalts.
1759–1766	Verschiedene Anstellungen als Musiker und Musiklehrer.
1766	Organist in Bath. Erste astronomische Beobachtungen.
1772	Übersiedlung Karoline Herschels nach England.
1773	Erster Eigenbau eines Spiegelteleskops.
1775	Beginn der ersten Himmelsdurchmusterung.
1779	Beginn der zweiten Himmelsdurchmusterung.
1780	Erste Arbeiten in der „Philosophical Society of Bath".
1781	13. März: Entdeckung des Uranus. Mitglied der Royal Society.
1782	Ernennung zum Königlichen Astronomen. Erster Doppelsternkatalog.
1783	Arbeit zur Eigenbewegung der Sonne.
1784	Erste Arbeit zum „Bau des Himmels". Begründung der Entwicklungstheorie kosmischer Körper.
1786	Erster Katalog von Sternhaufen und kosmischen Nebeln. Karoline Herschel entdeckt ihren ersten Kometen.
1787	Entdeckung von zwei Uranusmonden.
1788	Heirat mit Mary Pitt. Auswärtiges Mitglied der Berliner Akademie der Wissenschaften.
1789	Fertigstellung des 40-Fuß-Teleskops (1,22 m Spiegeldurchmesser, 11,89 m Brennweite). Entdeckung von zwei Saturnmonden.
1791	Nachweis leuchtender Nebelsubstanz im Kosmos.
1792	7. März: Geburt des Sohnes John Frederick William.
1800	Entdeckung der Infrarotstrahlen.
1803	Nachweis von Bewegungsvorgängen in Doppelsternen.
1813	John Herschel wird Mitglied der Royal Society.
1816	W. Herschel wird geadelt: Sir William Herschel.
1821	Präsident der Royal Astronomical Society. Letzte Veröffentlichung (3. Doppelsternkatalog). 15. März: Tod Alexander Herschels.

1822	15. August: Tod von William Herschel in Slough bei Windsor.
	Karoline Herschel kehrt nach Hannover zurück.
1832	Januar: Tod von Mary Herschel.
1833–1838	John Herschels Arbeiten am Kap der Guten Hoffnung.
1848	9. Januar: Tod Karoline Herschels.
1871	11. Mai: Tod John Herschels in Collingwood bei Hawkhurst (Kent).

Literatur

[1] F. Arago: Historisch-kritische Analyse des Lebens und der Arbeiten Sir William Herschels. In: Ders.: Unterhaltungen aus dem Gebiete der Naturkunde, 6. Teil. Stuttgart 1844.
[2] A. Armitage: William Herschel. New York 1963.
[3] (Berliner) Astronomisches Jahrbuch für das Jahr ... Berlin.
[4] F. W. Bessel: Sir William Herschel. In: Ders.: Abhandlungen, 3. Band, Leipzig 1876.
[5] J. E. Bode: Gedanken über die Natur der Sonne. In: Beschäftigungen der Berlinischen Gesellschaft Naturforschender Freunde, Bd. 2 (1776).
[6] J. E. Bode: Anleitung zur Kenntnis des gestirnten Himmels. Berlin/Leipzig 1778.
[7] J. E. Bode: Von dem neu entdeckten Planeten. Berlin 1784.
[8] G. Braun: Die Kant-Laplacesche Weltbildungstheorie. In: Neue kirchliche Zeitung 3 (1892) 671–704.
[9] G. Buttmann: Wilhelm Herschel. Stuttgart 1961.
[10] G. Buttmann: John Herschel. Stuttgart 1965.
[11] A. M. Clerke: Geschichte der Astronomie während des neunzehnten Jahrhunderts. Berlin 1889.
[12] H. Eelsalju/D. B. Herrmann: Johann Heinrich Mädler. Berlin 1985.
[13] D. S. Evans: John Frederick William Herschel. In: Dictionary of Scientific Biography Vol. 6. New York 1972. S. 323–328.
[14] R. Feyl: Caroline Herschel. In: Dies.: Der lautlose Aufbruch. Berlin 1982. S. 56–69.
[15] O. Gingerich: Herschel's 1784 Autobiography. In: Sky and Telescope, Oct. 1984, 317–319.
[16] J. Hamel: Zur Entstehungs- und Wirkungsgeschichte der Kantschen Kosmogonie. Mitteilungen d. Archenhold-Sternwarte Nr. 130 (1979).
[17] J. Hamel: Planetenentdeckung vor 200 Jahren: Uranus. In: Astronomie und Raumfahrt 19 (1981) 51–56.
[18] J. Hamel: Friedrich Wilhelm Bessel. Biographien hervorragender Naturwissenschaftler, Techniker und Mediziner, Bd. 67. Leipzig 1984.
[19] Handbuch der Astrophysik, Bd. 5/2, T. 1. Berlin 1933. S. 910–917 [Verzeichnis der Herschelschen Nebelflecke und Sternhaufen nach heutiger Nomenklatur].
[20] D. B. Herrmann: Geschichte der modernen Astronomie. Berlin 1984.
[21] C. Herschel: Caroline Herschel's Memoiren und Briefwechsel. Berlin 1877.
[22] J. Herschel: Rede ... gehalten in der Jahreshauptversammlung der Astronomischen Gesellschaft in London. St. Petersburg 1842.
[23] J. Herschel: Results of Astronomical Observations made ... at the Cape of Good Hope. London 1847.

[24] W. Herschel: The Scientific Papers of Sir William Herschel, 2 Bde. London 1912.
[25] W. Herschel: Über den Bau des Himmels. Drey Abhandlungen. Königsberg 1791.
[26] W. Herschel: W. Herschel's sämmtliche Schriften, 1. Bd. Dresden/Leipzig 1826 [mehr nicht erschienen].
[27] E. S. Holden/C. S. Hastings: A Synopsis of the scientific Writings of Sir William Herschel. Washington 1881.
[28] E. S. Holden: Wilhelm Herschel. Berlin 1882.
[29] M. A. Hoskin: William Herschel and the Construction of the Heavens. London 1963.
[30] M. A. Hoskin: Caroline Lucretia Herschel. In: Dictionary of Scientific Biography Vol. 6. New York 1972. 322–323.
[31] M. A. Hoskin: William Herschel. In: Ebd. 328–336.
[32] M. A. Hoskin: Caroline Herschel and her Telescopes. In: Arithmos-Arrythmos. Skizzen aus der Wissenschaftsgeschichte. München 1979. S. 181–187.
[33] G. Jackisch: Johann Heinrich Lamberts „Cosmologische Briefe" mit Beiträgen zur Frühgeschichte der Kosmologie. Berlin 1979.
[34] J. Locke: Über den menschlichen Verstand, 1. Bd. Berlin 1962.
[35] J. H. Mädler: Das 40füßige Telescop. In: Astronomische Nachrichten 17 (1840) 323.
[36] Die Musik in Geschichte und Gegenwart, Bd. 6. Kassel, Basel, London 1957. Sp. 280–284.
[37] W. Olbers: Ist das ganze Weltsystem nur einer bestimmten Dauer fähig? In: Nachrichten d. Olbers-Gesellschaft Nr. 79 (1970), S. 14 bis 20.
[38] J. W. Pfaff: W. Herschels Entdeckungen in der Astronomie und den ihr verwandten Wissenschaften. Stuttgart/Tübingen 1828.
[39] M. Reichstein: Abstandsreihen und die Grenzen des Sonnensystems. In: Astronomie und Raumfahrt 23 (1985) 122–126, 133.
[40] R. Riekher: Fernrohre und ihre Meister. Berlin 1957.
[41] K. Wälke: Die Bilder und die Sachen. Eine Betrachtung über Herschel und seine Zeit. In: Photorin. Mitteilungen der Lichtenberg-Gesellschaft 5/1982, S. 16–27.
[42] R. Wolf: Geschichte der Astronomie. München 1877.
[43] R. Zaunick: Kritisches zu den Vorfahren Sir William Herschels. In: Actes du Symposium International d'Histoire de Sciences No. 12, Florenz–Vinci 1960. Vinci(Firenze) 1962, S. 96–98.
[44] E. Zinner: Astronomie. Geschichte ihrer Probleme. Freiburg–München 1951.

Der Nachlaß W. Herschels befindet sich im Archiv der Royal Astronomical Society, London. Vgl.: J. A. Bennett: Catalogue of the Archives and Manuscripts of the Astronomical Society. In: Memoires of the Astronomical Society 85 (1978) 1–90.

Personenregister

Arago, François (1786–1853) 41, 84
Argelander, Friedrich Wilhelm August (1799–1875) 53
as-Sufi, Abd ar-Rahman (903 bis 986) 62
Aubert, Alexander (1730–1805) 29, 40, 89

Banks, Joseph (1743–1820) 28, 89
Bessel, Friedrich Wilhelm (1784 bis 1846) 6, 44, 45, 47, 50, 54, 65, 66, 72, 88, 89, 94
Bode, Johann Elert (1747–1826) 15, 21, 23, 24, 25, 26, 35, 54, 81, 82, 85
Brahe, Tycho (1546–1601) 26

Cassini, Giovanni Domenico (1625 bis 1712) 23
Copernicus, Nicolaus (1473–1543) 18

Diesterweg, Adolph Friedrich Wilhelm (1790–1866) 6
Diodor von Sizilien (um 80 bis 29 v. u. Z.) 24

Ferguson, James (1710–1776) 12
Fielding, Henry (1707–1754) 34
Flamsteed, John (1646–1720) 26, 53, 91
Fontenelle, Bernard le Bouvier de (1657–1757) 52
Fuß, Nikolaus v. (1755–1826) 46

Galilei, Galileo (1564–1642) 19, 23

Georg I., König (1660–1727) 7
Georg III., König (1738–1820) 23, 29, 40, 43

Hahn, Friedrich v. (1742–1805) 36, 81, 85
Halley, Edmond (1656–1743) 52, 93
Harris, John (1702–1773) 18
Herschel, Abraham (1649–1718) 7
Herschel, Alexander (1745–1821) 9, 13, 32, 33, 36, 40
Herschel, Alexander Stewart (1836 bis 1907) 93
Herschel, Anna Ilse 7
Herschel, Dietrich (1755–1827) 7, 9, 32, 90
Herschel, Friedrich Wilhelm (1738 bis 1822) passim
Herschel, Isaak (1707–1767) 6, 7
Herschel, Jakob (?–1628) 6
Herschel, Jakob (1734–1792) 7, 8, 9
Herschel, Johann (Hans) (1625 bis 1670) 6, 7
Herschel, John Frederick William (1792–1871) 42, 49, 54, 65, 75, 76, 87 ff.
Herschel, Karoline Lukretia (1750 bis 1848) 7, 9, 10, 12, 13, 29, 30, 31, 33, 36, 37, 39, 40, 63, 76, 85, 90, 91, 92
Herschel, Margaret 93
Herschel, Mary (1848–1932) 75, 76
Herschel, Sophie Elisabeth (1733 bis 1803) 7
Herschel, William James (1833–?) 93

Hertzsprung, Ejnar (1873–1967) 49
Hevelius, Johannes (1611–1687) 17, 26
Hipparch (um 160–um 125 v. u. Z.) 52
Humboldt, Alexander v. (1769 bis 1859) 92
Hume, David (1711–1776) 10

Jakob I., König (1566–1625) 7

Kamp, Peter van de (geb. 1901) 50
Kant, Immanuel (1724–1804) 57, 71, 73
Kapteyn, Jakob Cornelius (1851 bis 1922) 61
Kuiper, Gerard P. (1905–1973) 27

Lacaille, Nikolaus Louis (1713 bis 1762) 26, 93
Lalande, Joseph Jérome (1732 bis 1807) 53
Lambert, Johann Heinrich (1728 bis 1777) 44, 57
Laplace, Pierre Simon (1749–1827) 74
Lassell, William (1799–1880) 27
Lexell, Anders Johann (1740 bis 1784) 22, 23
Lichtenberg, Georg Christoph (1742 bis 1799) 63
Locke, John (1632–1704) 8, 71

Mädler, Johann Heinrich (1794 bis 1874) 6, 17, 42, 49
Mädler, Minna (1804–1884) 42
Maria Theresia, Kaiserin (1717 bis 1780) 8
Marius, Simon (1570–1624) 23
Maskelyne, Nevil (1732–1811) 29, 53, 89

Mayer, Christian (1719–1783) 46
Mayer, Tobias (1723–1762) 26, 52
Messier, Charles (1730–1817) 21, 26, 56, 62, 63, 64
Michell, John (1725–1793) 44, 46, 47

Napoleon Bonaparte, Kaiser (1769 bis 1821) 72
Newton, Isaac (1643–1727) 53, 95, 97

Olbers, Heinrich Wilhelm Matthias (1758–1840) 6, 73, 85

Piazzi, Giovanni (1746–1826) 36
Pond, John (1767–1836) 36
Ptolemäus, Claudius (um 90–um 150) 52

Ritter, Johann Wilhelm (1776 bis 1810) 82
Russell, Henry Norris (1877–1957) 49

Savari, Felix (1797–1841) 50
Schroeter, Johann Hieronymus (1745 bis 1816) 36, 81, 85
Smith, Adam (1723–1790) 81
Smith, Robert (1689–1768) 11, 12, 13, 33
Sophie von der Pfalz (1630–1714) 7
South, James (1785–1867) 93
Sterne, Laurence (1713–1768) 34
Struve, Friedrich Georg Wilhelm (1793–1864) 50
Swift, Jonathan (1667–1745) 81

Titius, Johann Daniel (1729–1796) 24

Vogel, Hermann Carl (1841–1908) 74

Watson, William (1744–1825) 16, 17, 20, 36, 39, 89
Watt, James (1736–1819) 72
Wilson, Alexander (1714–1786) 36, 78, 89

Wright, Thomas (1711–1786) 57

Zöllner, Karl Friedrich (1834 bis 1882) 74, 80

Danksagung

Für wichtige Hinweise zum Manuskript danke ich den Gutachtern, Herrn Prof. Dr. sc. H. Wußing (Leipzig) und Herrn Dr. rer. nat. G. Jackisch (Sonneberg). Für die verständnisvolle Unterstützung und eine kritische Durchsicht des Manuskripts mit vielen hilfreichen Diskussionen danke ich Frau Claudia Hamel.